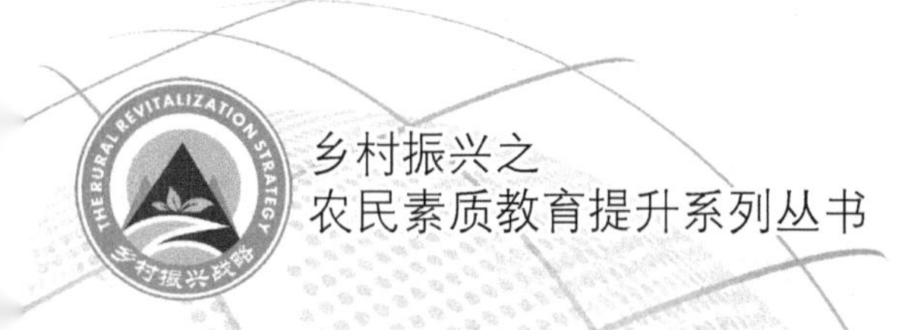

乡村振兴之
农民素质教育提升系列丛书

创新创业指导实务

◎王 磊 陈若男 侯殿江 主编

中国农业科学技术出版社

图书在版编目（CIP）数据

创新创业指导实务 / 王磊，陈若男，侯殿江主编. —北京：中国农业科学技术出版社，2020.7

（乡村振兴之农民素质教育提升系列丛书）

ISBN 978-7-5116-4807-5

Ⅰ.①创…　Ⅱ.①王…②陈…③侯…　Ⅲ.①农民-创业-基本知识-中国　Ⅳ.①F323.6

中国版本图书馆 CIP 数据核字（2020）第 103780 号

责任编辑　徐　毅
责任校对　李向荣

出 版 者　中国农业科学技术出版社
北京市中关村南大街 12 号　邮编：100081
电　　话　(010)82106631(编辑室)　(010)82109702(发行部)
(010)82109709(读者服务部)
传　　真　(010)82106631
网　　址　http://www.castp.cn
经 销 者　各地新华书店
印 刷 者　北京建宏印刷有限公司
开　　本　850 mm×1 168 mm　1/32
印　　张　6.75
字　　数　170 千字
版　　次　2020 年 7 月第 1 版　2020 年 7 月第 1 次印刷
定　　价　32.00 元

《创新创业指导实务》

编　委　会

主　编： 王　磊　陈若男　侯殿江

副主编： 马金霞　王兴智　赵光明　石艳杰
赵龙中　陈　斌

编　委： 汤正峰　李守仁　刘文峰　毕文平
王长生　何　宏　宋小平　李润韬
杨　军　沈修俊　徐仁锋

前　　言

自乡村振兴战略实施以来，乡村创业风生水起，新农民新技术活力迸发，新产业新业态迭代升级，为农业高质量发展注入新动能，为乡村建设引入新要素，为农民就业增收开辟新渠道，为“三农”发展增添新活力。在乡村振兴战略持续推进的背景下，越来越多的农民转型“农民企业家”。为帮助更多农民朋友早日实现乡村创业的梦想，特编写《创新创业指导实务》一书。

本书首先对乡村创业进行了概述，接着从国家相关支持政策、创业者基本素养、创业团队的组建和管理、创业模式和项目的选择、创业机会、创业资金、实施创业计划等多个方面介绍了如何进行创新创业，最后精选了 10 个典型的创新创业案例。本书语言通俗，结构清晰，内容实用，具有较强的可读性和指导性。

本书可供农民朋友创业培训时使用，也可作为从事农业创业培训管理人员参考学习。由于作者水平有限，加之时间仓促，书中如有疏漏之处，敬请广大读者批评指正。

编　者

2020 年 4 月

目　　录

第一章　乡村创业概述

第一节　创业的概念、本质及要素

一、创业的概念

创业有广义与狭义的区分。一般来说，创业是指人们发现、创造和利用一定的机会，借助于一定的资源和有效的商业模式组合生产要素，创立新的事业，以获得新的商业成功的过程或者活动。狭义上的创业是指人们开展一种新的生产经营活动，以获取商业利益为目的，主要是开创一个个体或者家庭的小企业。广义上的创业指人们各种新的实践活动，它不再以人们获得经济报酬为唯一标准，他们可能获得的是一种自我价值的提升。这也体现出了创业教育之父蒂蒙斯所提出的“创业不仅仅意味着创办新企业、筹集资金和提供就业机会，也不仅等同于创新、创造和突破，而且还意味着孕育人类的创新精神和改善人类的生活。”

二、创业的本质

1. 价值的导向

创业的本质是价值的追求，它不局限于经济价值的追求，虽然很多人在创业时想要获得一定的经济利益，但这并不是唯一的目的。很多创业者会将个人价值的实现放在第一位，他们在创业的过程中，把理想和自我实现与利益的追求相结合，并享受这一过程。美国哈佛商学院的教授斯蒂文森对创业的表述为：创业是创业者不拘泥于当前资源条件的限制，追寻机会，整合资源、开发机会并创造价值的过程。在这个定义中就包含了创业的本质。价值的创造强调和扩大了创业的内容，提出了超越于个人对利益的追求，也强调创业者对社会和经济发展的贡献，强调对精神与物质生活追求的一种平衡，对价值创造的追求使创业活动更加有生命力，有助于生存与发展。

2. 机会的识别

创业是对机会的追求过程。一般的生产经营活动通常对资源利用考虑比较多，主要考虑自己能做什么，而创业活动不同，其显著特点是机会导向。机会的最初状态是未精确定义的市场需求、未得到利用或未得到充分利用的资源和能力，机会意味着生存和发展的空间，意味着潜在的收益。一般来说，创业活动的初始条件并不理想，创业者缺乏资源、特别是物质资源，包括资金、人力、物力等，客观的事实迫使创业者思考在较少的资源条件下生存和发展的可能性。在市场经济环境中，决定企业生存与发展的关键力量是顾客、是市场，因此，创业者必须优先地从市场及顾客需求中识别和发现创业机会，探寻生存和发展的空间。

3. 创新

熊彼特在 1934 年首次将创新与创业联系起来，使人们对创业的观点产生了很大的变化，开始认同创新是创业本质中必不可少的元素。熊彼特认为创业的本质是创新，是资源新的组合，包括开始新的生产性经营和一种新方式维持生产性经营。因此，创业中的创新不仅是新产品开发和市场的拓展，而且也是一种将新的事物、新的理念、新的观点不断转换为现实的过程。在这一过程中，包含产品、工艺、商业模式、组织架构、激励机制、客户关系管理、企业成长模式等的创新，创业者必须在某一方面与众不同，产生有别于他人的特点，从而在同行中鹤立鸡群，获得优

势。在迈克尔·戴尔创立公司时，因自己原有零售的经验，他开创了全新的零售的销售模式，这种方式不仅使戴尔公司获得了市场的认可，也成了一种新的模式。

4. 创造性资源整合

很多创业活动是在资源不足的情况下把握资源、创造性地整合资源。资源是人类开展任何活动所必须具备的前提，而所有商业活动都是一种对最少的资源获得最大回报的追求。在商业活动中，资源的种类包含有形资源、无形资源，物质资源、非物质资源。对创业者来说，自身所具备的知识、社会关系网络、专长、组织领导才能、沟通能力、对市场和顾客需求的洞察能力等都可能成为有助于其创业成功的重要资源。此外，创业者还需要有对这些资源整合、优化的能力，要能够对这些资源进行识别与选择、汲取与配置、激活与融合，以达到最优的组合。在经济全球化的今天，资源开始突破物理空间、组织结构及制度的限制，在更加广阔的范围内进行流动，因此，创业者需要具备不断创新的理念，兼顾各方利益才能达到一个多赢、共赢的局面。

三、创业要素

在一般人的理解中，创业就是建立一个企业，其实，真正的创业是一个跨多个领域的活动，涉及变革、创新、技术、环境的变化，产品开发，企业管理，企业与创业者个体和产业发展等多方面的问题。因此，我们可以将创业理解为一个创业者在一定的创业环境中识别出创业机会，并利用机会、动员资源，创建新组织及开展新业务，以实现某种商业目标的活动。在这个过程中，有些创业者把握了创业的几个不可或缺的要素，形成了可持续动力，获得了商业成功，创造了财富。

在大众创业、万众创新环境背景下，创业活动不断发生，也在推动科技进步、促进经济发展、增加就业机会等方面发挥着显著的作用。创业成功也是多种要素综合作用的结果，创业者可以通过改善这些要素的组合来提高其创业成功的可能性。“创业之父”蒂蒙斯认为，创业是由机会、资源、团队组成的，创业者必须能够将三者作出最适当的搭配，才能获得成功。各要素在创业过程中要随着事业发展而作出动态的调整，首先在创业过程中，创业是由创业机会启动的，它是创业的原点，在开始创业时，“机会比资金、团队的才干和能力及适应的资源更重要”。同时，机会的把握并不一定就能有新的企业，一个创业者如果单打独斗，独自承担风险，没有进行调查就盲目跃进，只能延长工作时间和不计代价求得成功，那他就背离了当今全球经济的潮流。创业者要学会构建自己的创业团队，把握团队成员构成，认同创业者的理念，团队一般由一群才能互补、责任共担、愿为共同目标而奋斗的人组成。创业还需一定的创业资源，它是指新企业在创造价值的过程中需要的特定资产，包括有形与无形的资产，是企业运营中不可或缺的因素，主要表现在创业人才、创业资本、创业技术和创业管理中。

第二节　乡村创业及发展机遇

一、乡村创业的要素

从一般创业意义上看，乡村创业与其他创业没有什么区别，就是一种利用现有资源和人才，以新的形式或方法，组织开展商业经营与生产活动。但作为传统的创业，它在资源、环境上还是具有一种特殊性。乡村创业一般表现为两种形式：一是以土地为主要创业资源开展农业生产，它的生产规模、生产形式、生产品种、生产工具等与传统农业有所区别；二是脱离土地进行的农业产业经营。

1. 乡村创业者

从现有情况来看，农业产业创业者主要有以下两类。

（1）“土生土长”的农业专业大户。他们对农业生产环境熟悉，具有肯干、吃苦耐劳的品质。但随着现代化的创新，他们在发现机会、整合资源、构建团队上均处于弱势，而且很多农民创业属于生存型创业，在较长的时间内很难和其他农产品销售企业联合。

（2）农类专业青年。他们学习了现代科学技术，又具有活力，在进行农类创业时大都是因为发现了农类创业的商机。他们进行创业不再追求传统的满足人们温饱的需求，而是看中现代人对“绿色”“健康”等新理念的需求，而且无论是在土地资产、设备物资等物质资源，还是在创新技能、技术管理等人力资源管理上，农类专业青年在乡村创业方面与其他产业相比都具有天然的优势。

2. 乡村创业要素

乡村创业还需要特别考虑以下两个要素。

（1）地理环境。乡村创业是一种以土地利用最大化为目标的商业经济，尽管工人的流动使工资成本趋于平均，物流市场的发展也在不同程度上降低了对资源的依赖，但是产品本身的保质期、基础设施的建设等仍然制约着农业的创业活动。缩短流通的时间、拉近产品生产和销售空间之间的距离仍然是乡村创业地理环境必不可少的要素。因此，乡村创业者的选址大多选择原料产地或者与其相关产业邻近的地方。如果农民企业家仅仅以个人身份进行供应商搜寻、签订合作关系以及产品销售，会使交易成本居高且成为讨价还价的弱势方。因此，乡村创业者选址相对集中，可以促进群体内的创业者相互依存、合约谈判并降低成本。

（2）技术要素。乡村创业是在传统行业上开拓创新，重组原有的农业资源及创造新的经营方式。在这一过程中，最突出的就是现代农业技术对传统农业的补充，如现代化农业设施、互联网技术、市场对新品种的需求等。在这一过程中，土地资源越有限，对技术的创新要求就越高，所以，乡村创业者必须不断加强在获取多元化知识和提升调控管理等方面的能力。要在干中学，也要学会整合外面的技术，获取利益。

二、乡村创业的领域

按生产对象进行分类，农业通常分为：种植业、养殖业（畜牧业）、林业、渔业、农业社会化服务业。因此，农业创业的基本领域也主要有如下种类。

1. 种植业

种植业，也称植物栽培业，是指栽培各种农作物以及取得植物性产品的农业生产部门。种植业是农业的主要组成部分之一。它利用植物的生物机能，通过人工培育以取得粮食、饲料、副食品和工业原料的社会生产部门，主要包括各种农作物、果树、药用和观赏植物等的栽培，有粮食作物、蔬菜作物、经济作物、绿肥作物、饲料作物、牧草、花卉等园艺作物及其他。在中国，种植业通常指粮、棉、油、糖、麻、丝、烟、茶、果、药、杂等作物的生产，也称狭义的农业、农作物栽培业。

种植业的特点是：以土地为基本生产资料，利用农作物的生物机能将太阳能转化为化学潜能和农产品。就其本质而言，种植业是以土地为重要生产资料，利用绿色植物，通过光合作用把自然界中的二氧化碳、水和矿物质合成有机物质，同时，把太阳能转化为化学能贮藏在有机物质中。它是一切以植物产品为食品的物质来源，也是人类生命活动的物质基础。种植业不仅是人类赖以生存的食物与生活资料的主要来源，还为轻纺工业、食品工业等提供原料，为畜牧业和渔业提供饲料。我国种植业历史悠久，在农业中种植业的比重较大，其产值一般占农业总产值的50%以

上，它的稳定发展，特别是其中粮食作物生产的稳定发展，对畜牧业、工业的发展和人民生活水平的提高，对我国国民经济的发展和人民生活的改善，均具有重要意义。

2. 养殖业

养殖业是利用畜禽等已经被人类驯化的动物，或者鹿、麝、狐、貂、水獭、鹌鹑等野生动物的生理机能，通过人工饲养、繁殖，使其将牧草和饲料等植物能转变为动物能，以取得肉、蛋、奶、毛、绒、皮张、蚕丝和药材等畜产品的生产部门，是人类与自然界进行物质交换的重要环节。养殖业也是农业的主要组成部分之一，是农业的重要组成部分，与种植业并列为农业生产的两大支柱。

实际上，养殖业是用放牧、圈养或者两者结合的方式，饲养畜禽以取得动物产品或役畜的生产部门。它包括牲畜饲牧、家禽饲养、经济兽类驯养等。养殖业的主要特点和要求是：一是它的扩大再生产同各类畜禽内部的公畜、母畜、仔畜、幼畜的比例有十分密切关系。因此，保持合理的畜群结构，对加快养殖业的发展十分重要。二是饲料是养殖业的基础，只有不断解决好饲料问题，才能加快养殖业发展。三是养殖业的商品性很高，而产品又不便于运输而且易于腐坏。因此，要求收购、加工、贮藏、运输等方面密切配合。四是养殖业对于自然条件和经济条件有较大的适应性，既可以放牧，又可以舍饲。由于存在这些特点和要求，因此，发展养殖业必须根据各地的自然经济条件，因地制宜，发挥优势。

3. 林业与林业经济

林业是指为保护生态环境、保持生态平衡，培育和保护森林以取得木材和其他林产品、利用林木的自然特性以发挥防护作用的生产部门，也是国民经济的重要组成部分之一。林业在人和生物圈中，通过先进的科学技术和管理手段，从事培育、保护、利用森林资源，充分发挥森林的多种效益，且能持续经营森林资源，促进人口、经济、社会、环境和资源协调发展的基础性产业和社会公益事业。

林业经济是林业生产建设活动和林业再生产各环节（生产、分配、流通）经济关系的总称，包括培育森林，木材、多种林特产品的生产和加工等生产建设活动及其经济关系。林业经济的特点是：培育森林近似农业种植业，以土地为基本的生产资料，培育森林的生产过程，是人的劳动过程与林木生长发育的自然过程相互交织；而木材生产则是林木的采伐和运输过程；木材及林特产品加工，又具有加工工业的性质。培育森林是林业生产建设的基础。木材及多种林特产品的生产与加工利用，都直接或间接受它的制约。培育森林生产时间长而劳动时间短，劳动过程具有明显的阶段性。培育森林多在山地、滩涂等种植业难以利用的土地上进行。在森林环境持续保持的条件下，具有生产木材产品和保护自然生态环境的双重功能。木材商品非标准化；木材流通和市场交易规范性差，木材市场价格信号对培育森林树种、材种规格的调节作用不明显。

4. 渔业

渔业是指捕捞、养殖鱼类和其他水生动物及海藻类等水生植物以取得水产品的社会生产部门，一般分为海洋渔业、淡水渔业。渔业可为人民生活和国家建设提供食品和工业原料，是农业的重要组成部分，也是国民经济的一个重要部门。

开发和利用水域，采集捕捞与人工养殖各种有经济价值的水生动植物，以取得水产品是渔业的主要任务。渔业，按照水域可分为海洋渔业和淡水渔业；按生产特性可分为养殖业和捕捞业。渔业生产的主要特点是以各种水域为基地，以具有再生性的水产经济动植物资源为对象，具有明显的区域性和季节性，初级产品具有鲜活、易变腐和商品性等特点。渔业除提供丰富的蛋白质

外，还可以为农业提供优质肥料，为畜牧业提供精饲料，为食品、医药、化工工业提供重要原料。

5. 农业社会化服务业

农业社会化服务业是指为满足农业生产的需要，为农业生产经营主体提供各种服务的部门，是与农业相关的一切社会经济组织。

农业社会化服务主要包括为农民提供的产前、产中和产后的全过程综合配套服务。根据农民生产需求的多样性和复杂性，农业社会化服务的内容大体包括以下 8 个方面：一是供应服务，主要有化肥、种子、农药的供应，资金的供应，农机配件和农电供应等；二是销售服务，主要是农产品销售服务，旨在解决农民的卖难问题；三是加工服务，主要有畜禽饲料加工，农产品的初级加工、保鲜加工等；四是储运服务，主要有修筑道路、开通航道、组织农产品运输等；五是科技服务，主要包括水利、农机、畜牧兽医、作物栽培、良种繁育、植物保护等所需要的技术指导，重点是技术培训、技术咨询、技术承包；六是信息服务，主要为农户家庭经营提供所需的产品供求信息、价格信息等服务；七是法律服务，主要有法律咨询、契约公证、合同仲裁和提供诉讼方便，保护农民的合法权益；八是经营决策服务，主要包括生产计划的安排，项目选定，产品的销向和经营方面的意见、建议等。

三、乡村创业的模式

乡村创业的主要模式如下。

1. 渐进积累式

一些农业创业者可能有过打工的经历，从打工开始，就逐步积累经验和资金，为创业做准备。一是要选择自己感兴趣的事情，如农产品销售等。自己比较喜欢或较熟悉的事情，能够激发自己的灵感和主动性，能够给人以启发和创新的思维，对于今后的创业和发展有潜意识的帮助。二是要选择打工区域有规模、有优势、有潜在发展前途的农业项目来做。这对于今后的创业有一个起点高不高、能不能借鉴的问题。三是要做有心人，有目的地去学习和积累。学习你所在企业的农产品加工知识、经营销售知识、管理知识等，不能简单地学习你所从事的岗位知识。四是要充分利用好现有的各种资源。现在所积累的经验和人脉资源都是今后的无形资产，条件逐步成熟后，就可以独立或合伙开创自己的事业了。

2. 连锁经营式

这种模式就是创业者选择一个自己比较喜欢的或者说是有发展潜力的事情。在别人成功地创造出品牌的基础上，这样可以省去创立品牌的艰辛，寻求前辈或集体的支持，感悟成功者的福荫，降低创业的风险。加入连锁经营、参加农民专业合作组织，成为其中的一员，打好基础，再发展壮大。如成都红旗连锁经营、万源的巴山雀舌富硒茶、眉山泡菜系列、大凉山红富士等。

3. 独立开创式

这种创业模式，是创业者独立开创自己的事业，独自承担创业风险。因此，这种模式在具体的创业之前必须充分进行市场需求分析，选择好创业项目。这种模式可以充分实践创业者的个人创业计划，实现个人的创业目标。当事业成功时，创业者会有成就感；当事业失败时，创业者会承受巨大压力。这种模式需要创业者具有良好的心理素质和不屈不挠的精神。

【案例】

你为什么要创业

对于“为什么要创业”这个问题，马云的回答是：“互联网必将改变世界!”马云没有说我要成为中国 IT 巨头，没有说我要成为全民偶像，更没有说我实在没有可干的所以只能做这个了。马云之所以不顾他人的反对（马云当时请了24个朋友去他家商量，其中23个人反对，只有一个人说你可以试试看，不行赶紧逃回来），而义无反顾地开办中国黄页，在于他瞄准了为商人提供一个可以做成生意的电子商务平台的这个目标。

事实上，所有目前被奉为创业偶像的创业成功者，其回答“为什么要创业”这个问题的答案，都与自己所瞄准的目标有关。

“我们就再打造一个伊利！”谈到为什么创办蒙牛的原因时，牛根生曾如此说。因为离开伊利之前，牛根生对整个行业都非常熟悉，牛根生是当年伊利的第一功臣，伊利80%以上的营业额来自老牛主管的各个事业部。牛根生希望“再打造一个伊利”，因为他找到了一个创业的基本面——经营能力。

“希望网民上网变得容易。”这是丁磊为什么给自己创办的公司起名网易的原因。他这样说，也有这个能力实现它。在创办网易之前，他曾经先后在宁波电信局、sybase（关系型数据库系统的创立者）、飞捷（一家互联网接入服务商）等公司工作过。他非常熟悉Unix系统，熟悉关系型数据库系统，也正因此他在飞捷开辟了BBS，而这正是网易虚拟社区的前身。技术型人才丁磊创业的原因在于他找到了自己创业的目标。

四、乡村创业的途径

对于一个打算创业的人来说，可以选择的创业途径有以下4种。

1. 承包型创业

一般来说，承包经营是指合营企业与承包者通过订立承包经营合同，将合营企业的全部或部分经营管理权在一定期限内交给承包者，由承包者对合营企业进行经营管理。在承包经营期内，由承包者承担经营风险并获取部分合营企业的效益。在20世纪80—90年代，作为改革开放初期的一种改革方式，承包经营曾经在国内风靡一时，许多濒临破产的企业因承包经营而“咸鱼翻身”，不少有远见、有魄力的承包经营者则因此走上了自主创业之路。

也许有人会认为，“承包经营”已经属于过去一个时代的词汇了，现在一般都是重组、入股等方式了，其实作为一种初始的创业方式，承包经营有着自己的特点和优势，就是到现在也并不过时。

实践中，承包经营只是作为创业初期选择的一种“过渡性”途径，创业者切不可停留于此，而应该寻求进一步的“创业升级”方式。事实上，创业者在承包经营成功赚得“第一桶金”后，初尝涉足商海的甜头，接下来就要采取收购或者重新创立自己的企业等方式来寻求进一步的发展。

2. 租赁型创业

租赁型创业，一般也称为创业租赁，其兴起于20世纪80年代末，是专门针对新创企业而开展的一种特殊形式的融资租赁方式。其运作机制起源于融资租赁，但通过创业投资又对一般意义上融资租赁进行了改造，是一种将一般融资的灵活性与创业投资的高收益性有机结合的一种新型融资方式。当新创企业缺乏资本无力购买设备时，租赁型创业便为解决这一难题提供了捷径。在创业租赁合同中，承租人可以在资产使用寿命期间获得设备的使用权；而出租人可以用租金形式收回设备成本，并获得一定的投资报酬。

与一般融资租赁相比，租赁型创业具有以下特点：一是租赁型创业的资本金来源是创业投资资本，出租方大都是创业投资公司，少数是创业租赁公司；二是承租方是新创业企业；三是租赁型创业风险较一般租赁融资高，因而租金也较高；四是为了防范

高风险，出租方通常要派一名代理进驻承租方，不仅如此，为了获得足够多的风险补偿，一般还可以获得股权。

实际上，租赁型创业不属于股权融资，出租人虽然也可以派代理进驻企业，但通常不加入管理层，对新创企业没有管理权。此外，当创业遇到风险，出租人则可以从设备变卖中获得部分补偿，这是因为设备是属于出租方的，因而风险相对较小。

3. 购买型创业

购买型创业，也称收购型创业，是指通过购买或者收购中小型企业来创业的一种形式。实际上，企业收购是指通过一定的程序和手段取得某一企业的部分或全部所有权的投资行为。购买者一般可通过现金或股票完成收购，取得被收购企业的实际控制权。

企业收购的流程大致是：制定公司发展规划；确定收购目标企业；搜集信息，初步沟通，了解目标企业意向；洽商基本原则，签订意向协议；递交立项报告；上报批准；审计与评估；确定成交价；上报项目建议书；签署收购协议书及附属文件；资金注入；产权交接；变更登记。

4. 开创型创业

开创型创业，也称初始创业，其是一个从无到有的过程，即创业者经过市场调查，分析自己的优势与劣势和外部环境的机遇与风险，权衡利弊，确定自己的企业形式，履行必要的法律手续，招聘员工，建立组织，设计管理模式，投入资本，营销产品或服务，不断扩大市场，由亏损到盈利的过程。同时，初始创业也是一个学习的过程，创业者往往边干边学。在初始创业阶段，企业的死亡率往往比较高，风险来自多方面，有时甚至会出现“停止是死，扛下去可能就有生路”的情况，总之，在这一阶段要承受更大的心理压力和经济压力。所以，初始创业要尽量缩短学习过程，善用忠实之人，减少失误，坚持到底。

五、现代乡村发展带来的新机遇

要加快现代农业建设，用先进的物质条件装备农业，用先进的科学技术改造农业，用先进的组织形式经营农业，用先进的管理理念指导农业，提高农业综合生产能力。现阶段，农业创业者是幸运者，碰到了前所未有的历史机遇，这些机遇主要包括如下。

1. 新型城乡关系推动农业创业者有所作为

新型城乡关系是相对于以前城乡分割、工农对立的“二元结构”城乡关系而言，指的是按照统筹城乡发展的思路，“以城带乡、以工促农、城乡互动、协调发展”的相互融合城乡关系。通过城乡生产力合理布局、城乡就业的扩大、城乡基础设施建设、城乡社会事业发展和社会管理的加强、城乡社会保障体系的完善，达到固本强基的目的。加快农村工业化、城镇化和农业产业化进程，加快中心镇建设，加大农村劳动力转移力度，努力增加农民收入，促进农业农村经济稳定发展，使农业步入一个自我积累、良性循环的发展道路。目前，我国已经进入了工业反哺农业的发展阶段，工业化的经营理念导入农业领域，农业创业者必然会有所作为。

2. 现代化的农业生产条件促使农业创业者大有可为

现代化的农业生产条件主要是农业技术装备和现代农业科技，主要包括如下内容。

(1) 现代化手段和装备带来了巨大的效益。农业机械化给农业注入了极大的活力，大大地节约了劳动力，促进了城市化进程，也促进了第二、第三产业的发展。如联合收割机、播种机、插秧机、机动脱粒机等农业机械化手段，极大程度地提高了农业劳动生产率；电气化可使农牧业的生产、运输、加工、贮存等整个过程实现机械操作，大大提高劳动生产率。

（2）农业科学技术的进步，提高了农业集约化程度。良种化对农业增产有显著效果；农业化学化不仅增加土壤养分、除草灭虫、提供新型农业生产资料（如塑料薄膜等），还为免耕法的实施创造条件；“四大工程”（种子工程、测土配方施肥工程、农产品质量安全工程和公共植保工程）的实施，推动农业可持续发展，逐步实现农业现代化，稳步提高了农业综合生产能力。

（3）农业生产管理过程数字化，使农业由“粗放型”向“数字型”过渡。随着计算机在农业中的应用，各种分辨率的遥感、遥测技术，全球定位系统、计算机网络技术、地理信息技术等技术结合高新技术系统等，应用于农、林、牧、养、加、产、供销等全部领域，在很多地方出现了“懒汉种田”“机器管理”的新局面。

（4）新的农业生物工程技术的发展使农业由“化学化”向“生物化”发展。减少化学物质、农药、激素的使用，转变为依赖生物技术、依赖生物自身的性能进行调节，使农业生产处于良性生物循环的过程，使人与自然在遵循自然规律的前提下协调发展。这些无疑将会引起今后农业产业发展的革命性变化，农业创业者将会大有可为。

3. 农业经营主体组织化、产销一体化激发农业创业者敢于作为

围绕农业的规模化、专业化、产业化发展的需要，各个地方紧抓龙头企业和农村经济合作组织，提升农业产业化水平。在经营的主体方面涌现出大批带动能力强、辐射面广、连接农民密切的农民协会或合作经济组织，这些组织的表现形式主要为：生产基地带动型、龙头企业带动型、专业大户带动型的农业企业和家庭农场迅速崛起，把千家万户的农民组织起来，提高了经营主体的地位，在流通过程中体现为“公司+基地+农户”“公司+农

户”，把农产品的生产、加工、销售过程连接在一起，按照“风险共担，利益均沾”的原则，让农业经营者能够在农产品从生产到销售的各个环节分享到利润，这样农业创业者就必然敢于作为。因此，加快农业产业化进程，以做大农业产业化龙头企业为重点，不断提高农业市场化、规模化、组织化和标准化水平，充分发挥农民专业合作经济组织职能，引导农业农村经济健康有序发展，成为农业创业者的重要活动内容。

【专栏】

农业庄园规划设计

休闲农庄是乡村旅游的一种类型，它是以农民为经营主体、乡村民俗文化为灵魂、城市居民为消费目标的一种休闲旅游形式。休闲农庄是利用田园景观、自然生态及环境资源，结合农业生产、经营以及农村文化为一体的休闲旅游的场所。简单地讲，它是城区与郊区，农业和旅游，一、二、三产业结合的新型产业。生态庄园是实体经济，具备企业所有的特征，也就有了吸引资本的条件。

一、庄园规划设计的遵循原则

1. 导入多重理论原则

园区规划布局的合理性、建筑语言的表达方式、景观设计的异质特征以及产品策划的多样特性是庄园设计过程中必须遵循的原则。

2. 主题创新原则

休闲农庄的设计，首先要有富有特色的主题，以鲜明的特色展现区域风貌，使之与周边旅游风景资源有明显异质性，利用原有的人文、自然资源创造独特的景观形象和游赏魅力。

3. 乡土文化展示原则

休闲农庄的开发，要注重当地农业文化和民俗文化内涵的挖

掘，以文化来支撑旅游脉络。文化内涵在农庄中的分量，与农庄所具有的吸引力是成正比的，休闲农庄的主题必须与地域文化密切相连。

4. 生态优先原则

加强对基本农田的保护，改变现有不合理的耕作方式，发展生态农业，减少化肥和农药的使用，并控制和防治农业环境污染，保护农业生物多样性，生产绿色食品。这样才能保证休闲农庄的可持续发展。

二、农庄规划设计的步骤

1. 主题定位

休闲农庄的设计，首先要求有突出的特色主题。这些主题包括水果采摘，竹、茶叶、名花异草观赏，昆虫收藏，奶羊、奶牛、螃蟹、鳄鱼、鸵鸟等养殖体验。应尽力体现返璞归真、回归自然的消费心态，使之形成一个融生态旅游观光、现代高效农业、优化生态环境和社会文化功能为一体的原生态农业旅游、休闲、娱乐新型农庄。

生态农庄是以生态保护为宗旨，在不损伤环境的前提下，进行农事体验、休闲度假等活动的城郊农家庄园。根据所设置项目的不同层次，可以分为以下三部分：一是以家庭为单位，在闲暇时光居住于此，从事一些种花、种菜、修剪果树、采摘果蔬等乡间劳作，以此体验亲近自然的乐趣；二是饲养珍品动物，如羊驼、长颈鹿、藏獒等，让人们在与这些动物的零距离接触和交流中，切身感受不同于家养宠物的体验；三是休闲度假项目设置，如度假别墅、休闲会所、娱乐场所等，面向较高端的市场。

养生农庄是一个融养生、度假、娱乐、体验、休闲为一体的度假区域。一个充实的养生农庄在以养生为主题的前提下，不仅包括养生生态环境，还包括亲力亲为的体验项目。

以郑州市某养生农庄为例，整个养生农庄包括“三园”，即

“有机农业园”“私家养生园”和“养生体验园”，依托项目地的良好生态环境，设立休闲会所，提供康体休闲活动，如健身场馆、SPA疗养、海浴、盐浴以及其他康体项目；通过亲自采摘、有机种植果蔬、制作罐头等方式，丰富整个养生农庄的内容。此外，从配置产品到建筑类型，从销售方式到服务模式，每个环节都体现出自身的特色，给人以别样的享受。

2. 功能定位

生态农庄的功能定位一般包括以下几方面。

(1) 观光。一是风貌观。观赏湖山相应、鸟语花香，观看生态农庄田园风光、现代高科技农业。二是物候观。早观日出晚观霞，晨看浓雾夜听风；看鲜花烂漫，尝鲜果鲜菜，品农庄韵味。

(2) 采摘。根据不同的收获季节，指导、组织游客直接进入田间地头、大棚、园子，用农民特制的筐、篮、篓进行有偿采摘，包括新鲜水果、时令蔬菜、瓜果等，让游客既体验收获的喜悦，又观赏田园风光；既增长见识，又感受劳作。

(3) 购物。用自行编织的形状各异、规格不同的筐、篮、篓将生产的野菜、蔬菜、水果或经特殊加工的熟制品盛于其中，进行包装，并收集农村针织、编织、剪贴、手工等工艺，让游客根据喜好和能力自行选购。

(4) 品尝。大力推广采摘品尝、入住品尝，同时，按照一些月份的习俗，推出节令大荟萃，让游客真切感受别样的节令喜悦。

(5) 农事活动。根据农事季节，让游客在农艺人员的指导下，参与有偿农事活动，也可以直接将田、园、圈租赁或承包给游客，由农艺人员代管，让游客参与季节管理及生产种植、收获等农事活动全过程，并广泛举办花、蔬、果生产竞赛活动。

(6) 教育基地。与各中小学结合，组织学生参加农事劳动，

了解更多的动植物，学习农业知识，获得对现代农业、高技术农业的感性认识，培养他们热爱劳动、热爱生活、珍惜劳动的优良品质，具有寓教于乐的独特效果，提高旅游、休闲的文化内涵，使农庄成为学生的教育实践基地。

3. 功能分区

功能分区是农庄前期的重要分区与规划，典型的观光生产经营效益型休闲生态农庄的规划，一定要分区布局，主要包括5个部分。

（1）生产区。生产区通常选在土壤、气候条件良好，有灌溉和排水设施的土地上，占农庄总规划面积的35%左右，生产区内主要的经营项目包括农作物生产，果树、蔬菜、花卉园艺生产，畜牧业，森林经营，渔业生产等。生产区主要让游人认识农业生产的全过程，让游人在参与农事活动中充分体验农业生产的乐趣。

（2）农业科技展示区。与生产区一样，农业科技展示区也应该选在土壤、气候条件良好并且有排水和灌溉设施的地段，占农庄总面积的10%左右，可以开展生态农业示范、农业科普教育示范、农业科技示范等项目。通过浓缩的典型科技农业和农业传统知识的推广，来向游人展示农业独具魅力的一面，增强游人的农业意识，加深其对农业的了解。该区域可配备义工解说员。

（3）产品销售区。产品销售区要设在交通便利、位置明显的地方，一般坐落在主干道两侧，如有条件，最好能够临近园区外道路，这样既可以争取农庄内游客消费，又可以兼顾农庄外过客的采购需要。产品销售区占总面积的5%左右，在经营项目上不仅包括特色农产品，还可以包括民间工艺品、特色民俗纪念品、园区旅游纪念品等。通过产品销售区的建立，可以提高农庄效益，增加当地农民的收入，促进乡村经济的发展，更可以通过特色旅游纪念品的销售，达到宣传农庄、提高知名度的目的。

(4) 景观区。景观区通常位于地形丰富多变、原有景观资质良好的地段，占总面积的35%左右。景观区内可以设置观赏型农田、瓜果园、观赏苗木、花卉展示区、湿地风光区、水际风光区等。景观区可以使游人身临其境地感受田园风光和自然美景，是游人放松身心、体会农业魅力的理想场所。景观区可根据具体情况设置美观的观景台。

(5) 休闲区。休闲区位于地形丰富、气候良好的地段，占地约为全园的15%，休闲区内可设置的项目有：农家风情建筑(如小木屋、传统民居、吊脚楼等)、乡村风情活动场所、渔家垂钓区等。休闲区的开发使游人能够深入农村特色的生活空间，体验乡村风情的活动，享受休闲农业带来的乐趣。

第二章　国家相关支持政策

第一节　《关于加大改革创新力度加快农业现代化建设的若干意见》

2014 年，各地区各部门认真贯彻落实党中央、国务院决策部署，加大深化农村改革力度，粮食产量实现“十一连增”，农民收入继续较快增长，农村公共事业持续发展，农村社会和谐稳定，为稳增长、调结构、促改革、惠民生作出了突出贡献。

当前，我国经济发展进入新常态，正从高速增长转向中高速增长，如何在经济增速放缓背景下继续强化农业基础地位、促进农民持续增收，是必须破解的一个重大课题。国内农业生产成本快速攀升，大宗农产品价格普遍高于国际市场，如何在“双重挤压”下创新农业支持保护政策、提高农业竞争力，是必须面对的一个重大考验。我国农业资源短缺，开发过度、污染加重，如何在资源环境硬约束下保障农产品有效供给和质量安全、提升农业可持续发展能力，是必须应对的一个重大挑战。城乡资源要素流动加速，城乡互动联系增强，如何在城镇化深入发展背景下加快新农村建设步伐、实现城乡共同繁荣，是必须解决好的一个重大问题。破解这些难题，是今后一个时期“三农”工作的重大任务。必须始终坚持把解决好“三农”问题作为全党工作的重中之重，靠改革添动力，以法治作保障，加快推进中国特色农业现代化。

2015年，农业农村工作要全面贯彻落实党的“十八大”和十八届三中、四中全会精神，以邓小平理论、“三个代表”重要思想、科学发展观为指导，深入贯彻习近平总书记系列重要讲话精神，主动适应经济发展新常态，按照稳粮增收、提质增效、创新驱动的总要求，继续全面深化农村改革，全面推进农村法治建设，推动新型工业化、信息化、城镇化和农业现代化同步发展，努力在提高粮食生产能力上挖掘新潜力，在优化农业结构上开辟新途径，在转变农业发展方式上寻求新突破，在促进农民增收上获得新成效，在建设新农村上迈出新步伐，为经济社会持续健康发展提供有力支撑。

一、围绕建设现代农业，加快转变农业发展方式

中国要强，农业必须强。做强农业，必须尽快从主要追求产量和依赖资源消耗的粗放经营转到数量质量效益并重、注重提高竞争力、注重农业科技创新、注重可持续的集约发展上来，走产出高效、产品安全、资源节约、环境友好的现代农业发展道路。

1. 不断增强粮食生产能力

进一步完善和落实粮食省长负责制。强化对粮食主产省和主产县的政策倾斜，保障产粮大县重农抓粮得实惠、有发展。粮食主销区要切实承担起自身的粮食生产责任。全面开展永久基本农田划定工作。统筹实施全国高标准农田建设总体规划。实施耕地质量保护与提升行动。全面推进建设占用耕地剥离耕作层土壤再利用。探索建立粮食生产功能区，将口粮生产能力落实到田块地头、保障措施落实到具体项目。创新投融资机制，加大资金投入，集中力量加快建设一批重大引调水工程、重点水源工程、江河湖泊治理骨干工程，节水供水重大水利工程建设的征地补偿、耕地占补平衡实行与铁路等国家重大基础设施项目同等政策。加快大中型灌区续建配套与节水改造，加快推进现代灌区建设，加

强小型农田水利基础设施建设。实施粮食丰产科技工程和盐碱地改造科技示范。深入推进粮食高产创建和绿色增产模式攻关。实施植物保护建设工程，开展农作物病虫害专业化统防统治。

2. 深入推进农业结构调整

科学确定主要农产品自给水平，合理安排农业产业发展优先序。启动实施油料、糖料、天然橡胶生产能力建设规划。加快发展草牧业，支持青贮玉米和苜蓿等饲草料种植，开展粮改饲和种养结合模式试点，促进粮食、经济作物、饲草料三元种植结构协调发展。立足各地资源优势，大力培育特色农业。推进农业综合开发布局调整。支持粮食主产区发展畜牧业和粮食加工业，继续实施农产品产地初加工补助政策，发展农产品精深加工。继续开展园艺作物标准园创建，实施园艺产品提质增效工程。加大对生猪、奶牛、肉牛、肉羊标准化规模养殖场（小区）建设支持力度，实施畜禽良种工程，加快推进规模化、集约化、标准化畜禽养殖，增强畜牧业竞争力。完善动物疫病防控政策。推进水产健康养殖，加大标准池塘改造力度，继续支持远洋渔船更新改造，加强渔政渔港等渔业基础设施建设。

3. 提升农产品质量和食品安全水平

加强县乡农产品质量和食品安全监管能力建设。严格农业投入品管理，大力推进农业标准化生产。落实重要农产品生产基地、批发市场质量安全检验检测费用补助政策。建立全程可追溯、互联共享的农产品质量和食品安全信息平台。开展农产品质量安全县、食品安全城市创建活动。大力发展名特优新农产品，培育知名品牌。健全食品安全监管综合协调制度，强化地方政府法定职责。加大防范外来有害生物力度，保护农林业生产安全。落实生产经营者主体责任，严惩各类食品安全违法犯罪行为，提高群众安全感和满意度。

4. 强化农业科技创新驱动作用

健全农业科技创新激励机制，完善科研院所、高校科研人员与企业人才流动和兼职制度，推进科研成果使用、处置、收益管理和科技人员股权激励改革试点，激发科技人员创新创业的积极性。建立优化整合农业科技规划、计划和科技资源协调机制，完善国家重大科研基础设施和大型科研仪器向社会开放机制。加强对企业开展农业科技研发的引导扶持，使企业成为技术创新和应用的主体。加快农业科技创新，在生物育种、智能农业、农机装备、生态环保等领域取得重大突破。建立农业科技协同创新联盟，依托国家农业科技园区搭建农业科技融资、信息、品牌服务平台。探索建立农业科技成果交易中心。充分发挥科研院所、高校及其新农村发展研究院、职业院校、科技特派员队伍在科研成果转化中的作用。积极推进种业科研成果权益分配改革试点，完善成果完成人分享制度。继续实施种子工程，推进海南、甘肃、四川等省三大国家级育种制种基地建设。加强农业转基因生物技术研究、安全管理、科学普及。支持农机、化肥、农药企业技术创新。

5. 创新农产品流通方式

加快全国农产品市场体系转型升级，着力加强设施建设和配套服务，健全交易制度。完善全国农产品流通骨干网络，加大重要农产品仓储物流设施建设力度。加快千亿斤粮食新建仓容建设进度，尽快形成中央和地方职责分工明确的粮食收储机制，提高粮食收储保障能力。继续实施农户科学储粮工程。加强农产品产地市场建设，加快构建跨区域冷链物流体系，继续开展公益性农产品批发市场建设试点。推进合作社与超市、学校、企业、社区对接。清理整顿农产品运销乱收费问题。发展农产品期货交易，开发农产品期货交易新品种。支持电商、物流、商贸、金融等企业参与涉农电子商务平台建设。开展电子商务进农村综合示范。

6. 加强农业生态治理

实施农业环境突出问题治理总体规划和农业可持续发展规划。加强农业面源污染治理，深入开展测土配方施肥，大力推广生物有机肥、低毒低残留农药，开展秸秆、畜禽粪便资源化利用和农田残膜回收区域性示范，按规定享受相关财税政策。落实畜禽规模养殖环境影响评价制度，大力推动农业循环经济发展。继续实行草原生态保护补助奖励政策，开展西北旱区农牧业可持续发展、农牧交错带已垦草原治理、东北黑土地保护试点。加大水生生物资源增殖保护力度。建立健全规划和建设项目水资源论证制度、国家水资源督察制度。大力推广节水技术，全面实施区域规模化高效节水灌溉行动。加大水污染防治和水生态保护力度。实施新一轮退耕还林还草工程，扩大重金属污染耕地修复、地下水超采区综合治理、退耕还湿试点范围，推进重要水源地生态清洁小流域等水土保持重点工程建设。大力推进重大林业生态工程，加强营造林工程建设，发展林产业和特色经济林。推进京津冀、丝绸之路经济带、长江经济带生态保护与修复。摸清底数、搞好规划、增加投入，保护好全国的天然林。提高天然林资源保护工程补助和森林生态效益补偿标准。继续扩大停止天然林商业性采伐试点。实施湿地生态效益补偿、湿地保护奖励试点和沙化土地封禁保护区补贴政策。加快实施退牧还草、牧区防灾减灾、南方草地开发利用等工程。建立健全农业生态环境保护责任制，加强问责监管力度，依法依规严肃查处各种破坏生态环境的行为。

7. 提高统筹利用国际国内两个市场两种资源的能力

加强农产品进出口调控，积极支持优势农产品出口，把握好农产品进口规模、节奏。完善粮食、棉花、食糖等重要农产品进出口和关税配额管理，严格执行棉花滑准税政策。严厉打击农产品走私行为。完善边民互市贸易政策。支持农产品贸易做强，加快培育具有国际竞争力的农业企业集团。健全农业对外合作部际联席会议制度，抓紧制定农业对外合作规划。创新农业对外合作模式，重点加强农产品加工、储运、贸易等环节合作，支持开展境外农业合作开发，推进科技示范园区建设，开展技术培训、科研成果示范、品牌推广等服务。完善支持农业对外合作的投资、财税、金融、保险、贸易、通关、检验检疫等政策，落实到境外从事农业生产所需农用设备和农业投入品出境的扶持政策。充分发挥各类商会组织的信息服务、法律咨询、纠纷仲裁等作用。

二、围绕促进农民增收，加大惠农政策力度

中国要富，农民必须富。富裕农民，必须充分挖掘农业内部增收潜力，开发农村二、三产业增收空间，拓宽农村外部增收渠道，加大政策助农增收力度，努力在经济发展新常态下保持城乡居民收入差距持续缩小的势头。

1. 优先保证农业农村投入

增加农民收入，必须明确政府对改善农业农村发展条件的责任。坚持把农业农村作为各级财政支出的优先保障领域，加快建立投入稳定增长机制，持续增加财政农业农村支出，中央基建投资继续向农业农村倾斜。优化财政支农支出结构，重点支持农民增收、农村重大改革、农业基础设施建设、农业结构调整、农业可持续发展、农村民生改善。转换投入方式，创新涉农资金运行机制，充分发挥财政资金的引导和杠杆作用。改革涉农转移支付制度，下放审批权限，有效整合财政农业农村投入。切实加强涉农资金监管，建立规范透明的管理制度，杜绝任何形式的挤占挪用、层层截留、虚报冒领，确保资金使用见到实效。

2. 提高农业补贴政策效能

增加农民收入，必须健全国家对农业的支持保护体系。保持农业补贴政策连续性和稳定性，逐步扩大“绿箱”支持政策实

施规模和范围，调整改进“黄箱”支持政策，充分发挥政策惠农增收效应。继续实施种粮农民直接补贴、良种补贴、农机具购置补贴、农资综合补贴等政策。选择部分地方开展改革试点，提高补贴的导向性和效能。完善农机具购置补贴政策，向主产区和新型农业经营主体倾斜，扩大节水灌溉设备购置补贴范围。实施农业生产重大技术措施推广补助政策。实施粮油生产大县、粮食作物制种大县、生猪调出大县、牛羊养殖大县财政奖励补助政策。扩大现代农业示范区奖补范围。健全粮食主产区利益补偿、耕地保护补偿、生态补偿制度。

3. 完善农产品价格形成机制

增加农民收入，必须保持农产品价格合理水平。继续执行稻谷、小麦最低收购价政策，完善重要农产品临时收储政策。总结新疆维吾尔自治区棉花、东北和内蒙古自治区大豆目标价格改革试点经验，完善补贴方式，降低操作成本，确保补贴资金及时足额兑现到农户。积极开展农产品价格保险试点。合理确定粮食、棉花、食糖、肉类等重要农产品储备规模。完善国家粮食储备吞吐调节机制，加强储备粮监管。落实新增地方粮食储备规模计划，建立重要商品商贸企业代储制度，完善制糖企业代储制度。运用现代信息技术，完善种植面积和产量统计调查，改进成本和价格监测办法。

4. 强化农业社会化服务

增加农民收入，必须完善农业服务体系，帮助农民降成本、控风险。抓好农业生产全程社会化服务机制创新试点，重点支持为农户提供代耕代收、统防统治、烘干储藏等服务。稳定和加强基层农技推广等公益性服务机构，健全经费保障和激励机制，改善基层农技推广人员工作和生活条件。发挥农村专业技术协会在农技推广中的作用。采取购买服务等方式，鼓励和引导社会力量参与公益性服务。加大中央、省级财政对主要粮食作物保险的保费补贴力度。将主要粮食作物制种保险纳入中央财政保费补贴目录。中央财政补贴险种的保险金额应覆盖直接物化成本。加快研究出台对地方特色优势农产品保险的中央财政以奖代补政策。扩大森林保险范围。支持邮政系统更好的服务“三农”。创新气象为农服务机制，推动融入农业社会化服务体系。

5. 推进农村一、二、三产业融合发展

增加农民收入，必须延长农业产业链、提高农业附加值。立足资源优势，以市场需求为导向，大力发展特色种养业、农产品加工业、农村服务业，扶持发展一村一品、一乡（县）一业，壮大县域经济，带动农民就业致富。积极开发农业多种功能，挖掘乡村生态休闲、旅游观光、文化教育价值。扶持建设一批具有历史、地域、民族特点的特色景观旅游村镇，打造形式多样、特色鲜明的乡村旅游休闲产品。加大对乡村旅游休闲基础设施建设的投入，增强线上线下营销能力，提高管理水平和服务质量。研究制定促进乡村旅游休闲发展的用地、财政、金融等扶持政策，落实税收优惠政策。激活农村要素资源，增加农民财产性收入。

6. 拓宽农村外部增收渠道

增加农民收入，必须促进农民转移就业和创业。实施农民工职业技能提升计划。落实同工同酬政策，依法保障农民工劳动报酬权益，建立农民工工资正常支付的长效机制。保障进城农民工及其随迁家属平等享受城镇基本公共服务，扩大城镇社会保险对农民工的覆盖面，开展好农民工职业病防治和帮扶行动，完善随迁子女在当地接受义务教育和参加中高考相关政策，探索农民工享受城镇保障性住房的具体办法。加快户籍制度改革，建立居住证制度，分类推进农业转移人口在城镇落户并享有与当地居民同等待遇。现阶段，不得将农民进城落户与退出土地承包经营权、宅基地使用权、集体收益分配权相挂钩。引导有技能、资金和管理经验的农民工返乡创业，落实定向减税和普遍性降费政策，降

低创业成本和企业负担。优化中西部中小城市、小城镇产业发展环境，为农民就地就近转移就业创造条件。

7. 大力推进农村扶贫开发

增加农民收入，必须加快农村贫困人口脱贫致富步伐。以集中连片特困地区为重点，加大投入和工作力度，加快片区规划实施，打好扶贫开发攻坚战。推进精准扶贫，制定并落实建档立卡的贫困村和贫困户帮扶措施。加强集中连片特困地区基础设施建设、生态保护和基本公共服务，加大用地政策支持力度，实施整村推进、移民搬迁、乡村旅游扶贫等工程。扶贫项目审批权原则上要下放到县，省市切实履行监管责任。建立公告公示制度，全面公开扶贫对象、资金安排、项目建设等情况。健全社会扶贫组织动员机制，搭建社会参与扶贫开发平台。完善干部驻村帮扶制度。加强贫困监测，建立健全贫困县考核、约束、退出等机制。经济发达地区要不断提高扶贫开发水平。

三、围绕城乡发展一体化，深入推进新农村建设

中国要美，农村必须美。繁荣农村，必须坚持不懈推进社会主义新农村建设。要强化规划引领作用，加快提升农村基础设施水平，推进城乡基本公共服务均等化，让农村成为农民安居乐业的美丽家园。

1. 加大农村基础设施建设力度

确保如期完成“十二五”农村饮水安全工程规划任务，推动农村饮水提质增效，继续执行税收优惠政策。推进城镇供水管网向农村延伸。继续实施农村电网改造升级工程。因地制宜采取电网延伸和光伏、风电、小水电等供电方式，2015 年解决无电人口用电问题。加快推进西部地区和集中连片特困地区农村公路建设。强化农村公路养护管理的资金投入和机制创新，切实加强农村客运和农村校车安全管理。完善农村沼气建管机制。加大农

村危房改造力度，统筹搞好农房抗震改造。深入推进农村广播电视、通信等村村通工程，加快农村信息基础设施建设和宽带普及，推进信息进村入户。

2. 提升农村公共服务水平

全面改善农村义务教育薄弱学校基本办学条件，提高农村学校教学质量。因地制宜保留并办好村小学和教学点。支持乡村两级公办和普惠性民办幼儿园建设。加快发展高中阶段教育，以未能继续升学的初中、高中毕业生为重点，推进中等职业教育和职业技能培训全覆盖，逐步实现免费中等职业教育。积极发展农业职业教育，大力培养新型职业农民。全面推进基础教育数字教育资源开发与应用，扩大农村地区优质教育资源覆盖面。提高重点高校招收农村学生比例。加强乡村教师队伍建设，落实好集中连片特困地区乡村教师生活补助政策。国家教育经费要向边疆地区、民族地区、革命老区倾斜。建立新型农村合作医疗可持续筹资机制，同步提高人均财政补助和个人缴费标准，进一步提高实际报销水平。全面开展城乡居民大病保险，加强农村基层基本医疗、公共卫生能力和乡村医生队伍建设。推进各级定点医疗机构与省内新型农村合作医疗信息系统的互联互通，积极发展惠及农村的远程会诊系统。拓展重大文化惠民项目服务“三农”内容。加强农村最低生活保障制度规范管理，全面建立临时救助制度，改进农村社会救助工作。落实统一的城乡居民基本养老保险制度。支持建设多种农村养老服务和文化体育设施。整合利用现有设施场地和资源，构建农村基层综合公共服务平台。

3. 全面推进农村人居环境整治

完善县域村镇体系规划和村庄规划，强化规划的科学性和约束力。改善农民居住条件，搞好农村公共服务设施配套，推进山水林田路综合治理。继续支持农村环境集中连片整治，加快推进农村河塘综合整治，开展农村垃圾专项整治，加大农村污水处理

和改厕力度，加快改善村庄卫生状况。加强农村周边工业“三废”排放和城市生活垃圾堆放监管治理。完善村级公益事业一事一议财政奖补机制，扩大农村公共服务运行维护机制试点范围，重点支持村内公益事业建设与管护。完善传统村落名录和开展传统民居调查，落实传统村落和民居保护规划。鼓励各地从实际出发开展美丽乡村创建示范。有序推进村庄整治，切实防止违背农民意愿大规模撤并村庄、大拆大建。

4. 引导和鼓励社会资本投向农村建设

鼓励社会资本投向农村基础设施建设和在农村兴办各类事业。对于政府主导、财政支持的农村公益性工程和项目，可采取购买服务、政府与社会资本合作等方式，引导企业和社会组织参与建设、管护和运营。对于能够商业化运营的农村服务业，向社会资本全面开放。制定鼓励社会资本参与农村建设目录，研究制定财税、金融等支持政策。探索建立乡镇政府职能转移目录，将适合社会兴办的公共服务交由社会组织承担。

5. 加强农村思想道德建设

针对农村特点，围绕培育和践行社会主义核心价值观，深入开展中国特色社会主义和中国梦宣传教育，广泛开展形势政策宣传教育，提高农民综合素质，提升农村社会文明程度，凝聚起建设社会主义新农村的强大精神力量。深入推进农村精神文明创建活动，扎实开展好家风好家训活动，继续开展好媳妇、好儿女、好公婆等评选表彰活动，开展寻找最美乡村教师、医生、村官等活动，凝聚起向上、崇善、爱美的强大正能量。倡导文艺工作者深入农村，创作富有乡土气息、讴歌农村时代变迁的优秀文艺作品，提供健康有益、喜闻乐见的文化服务。创新乡贤文化，弘扬善行义举，以乡情乡愁为纽带吸引和凝聚各方人士支持家乡建设，传承乡村文明。

6. 切实加强农村基层党建工作

认真贯彻落实党要管党、从严治党的要求，加强以党组织为核心的农村基层组织建设，充分发挥农村基层党组织的战斗堡垒作用，深入整顿软弱涣散基层党组织，不断夯实党在农村基层执政的组织基础。创新和完善农村基层党组织设置，扩大组织覆盖和工作覆盖。加强乡村两级党组织班子建设，进一步选好管好用好带头人。严肃农村基层党内政治生活，加强党员日常教育管理，发挥党员先锋模范作用。严肃处理违反党规党纪的行为，坚决查处发生在农民身边的不正之风和腐败问题。以农村基层服务型党组织建设为抓手，强化县乡村三级便民服务网络建设，多为群众办实事、办好事，通过服务贴近群众、团结群众、引导群众、赢得群众。严格落实党建工作责任制，全面开展市县乡党委书记抓基层党建工作述职评议考核。

四、围绕增添农村发展活力，全面深化农村改革

全面深化改革，必须把农村改革放在突出位置。要按照中央总体部署，完善顶层设计，抓好试点试验，不断总结深化，加强督查落实，确保改有所进、改有所成，进一步激发农村经济社会发展活力。

1. 加快构建新型农业经营体系

坚持和完善农村基本经营制度，坚持农民家庭经营主体地位，引导土地经营权规范有序流转，创新土地流转和规模经营方式，积极发展多种形式适度规模经营，提高农民组织化程度。鼓励发展规模适度的农户家庭农场，完善对粮食生产规模经营主体的支持服务体系。引导农民专业合作社拓宽服务领域，促进规范发展，实行年度报告公示制度，深入推进示范社创建行动。推进农业产业化示范基地建设和龙头企业转型升级。引导农民以土地经营权入股合作社和龙头企业。鼓励工商资本发展适合企业化经

营的现代种养业、农产品加工流通和农业社会化服务。土地经营权流转要尊重农民意愿，不得硬性下指标、强制推动。尽快制定工商资本租赁农地的准入和监管办法，严禁擅自改变农业用途。

2. 推进农村集体产权制度改革

探索农村集体所有制有效实现形式，创新农村集体经济运行机制。出台稳步推进农村集体产权制度改革的意见。对土地等资源性资产，重点是抓紧抓实土地承包经营权确权登记颁证工作，扩大整省推进试点范围，总体上要确地到户，从严掌握确权确股不确地的范围。对非经营性资产，重点是探索有利于提高公共服务能力的集体统一运营管理有效机制。对经营性资产，重点是明晰产权归属，将资产折股量化到本集体经济组织成员，发展多种形式的股份合作。开展赋予农民对集体资产股份权能改革试点，试点过程中要防止侵蚀农民利益，试点各项工作应严格限制在本集体经济组织内部。健全农村集体“三资”管理监督和收益分配制度。充分发挥县乡农村土地承包经营权、林权流转服务平台作用，引导农村产权流转交易市场健康发展。完善有利于推进农村集体产权制度改革的税费政策。

3. 稳步推进农村土地制度改革试点

在确保土地公有制性质不改变、耕地红线不突破、农民利益不受损的前提下，按照中央统一部署，审慎稳妥推进农村土地制度改革。分类实施农村土地征收、集体经营性建设用地入市、宅基地制度改革试点。制定缩小征地范围的办法。建立兼顾国家、集体、个人的土地增值收益分配机制，合理提高个人收益。完善对被征地农民合理、规范、多元保障机制。赋予符合规划和用途管制的农村集体经营性建设用地出让、租赁、入股权能，建立健全市场交易规则和服务监管机制。依法保障农民宅基地权益，改革农民住宅用地取得方式，探索农民住房保障的新机制。加强对试点工作的指导监督，切实做到封闭运行、风险可控，边试点、边总结、边完善，形成可复制、可推广的改革成果。

4. 推进农村金融体制改革

要主动适应农村实际、农业特点、农民需求，不断深化农村金融改革创新。综合运用财政税收、货币信贷、金融监管等政策措施，推动金融资源继续向“三农”倾斜，确保农业信贷总量持续增加、涉农贷款比例不降低。完善涉农贷款统计制度，优化涉农贷款结构。延续并完善支持农村金融发展的有关税收政策。开展信贷资产质押再贷款试点，提供更优惠的支农再贷款利率。鼓励各类商业银行创新“三农”金融服务。农业银行三农金融事业部改革试点覆盖全部县域支行。农业发展银行要在强化政策性功能定位的同时，加大对水利、贫困地区公路等农业农村基础设施建设的贷款力度，审慎发展自营性业务。国家开发银行要创新服务“三农”融资模式，进一步加大对农业农村建设的中长期信贷投放。提高农村信用社资本实力和治理水平，牢牢坚持立足县域、服务“三农”的定位。鼓励邮政储蓄银行拓展农村金融业务。提高村镇银行在农村的覆盖面。积极探索新型农村合作金融发展的有效途径，稳妥开展农民合作社内部资金互助试点，落实地方政府监管责任。做好承包土地的经营权和农民住房财产权抵押担保贷款试点工作。鼓励开展“三农”融资担保业务，大力发展政府支持的“三农”融资担保和再担保机构，完善银担合作机制。支持银行业金融机构发行“三农”专项金融债，鼓励符合条件的涉农企业发行债券。开展大型农机具融资租赁试点。完善对新型农业经营主体的金融服务。强化农村普惠金融。继续加大小额担保财政贴息贷款等对农村妇女的支持力度。

5. 深化水利和林业改革

建立健全水权制度，开展水权确权登记试点，探索多种形式的水权流转方式。推进农业水价综合改革，积极推广水价改革和水权交易的成功经验，建立农业灌溉用水总量控制和定额管理制

度，加强农业用水计量，合理调整农业水价，建立精准补贴机制。吸引社会资本参与水利工程建设和运营。鼓励发展农民用水合作组织，扶持其成为小型农田水利工程建设和管护主体。积极发展农村水利工程专业化管理。建立健全最严格的林地、湿地保护制度。深化集体林权制度改革。稳步推进国有林场改革和国有林区改革，明确生态公益功能定位，加强森林资源保护培育。建立国家用材林储备制度。积极发展符合林业特点的多种融资业务，吸引社会资本参与碳汇林业建设。

6. 加快供销合作社和农垦改革发展

全面深化供销合作社综合改革，坚持为农服务方向，着力推进基层社改造，创新联合社治理机制，拓展为农服务领域，把供销合作社打造成全国性为“三农”提供综合服务的骨干力量。抓紧制定供销合作社条例。加快研究出台推进农垦改革发展的政策措施，深化农场企业化、垦区集团化、股权多元化改革，创新行业指导管理体制、企业市场化经营体制、农场经营管理体制。明晰农垦国有资产权属关系，建立符合农垦特点的国有资产监管体制。进一步推进农垦办社会职能改革。发挥农垦独特优势，积极培育规模化农业经营主体，把农垦建成重要农产品生产基地和现代农业的示范带动力量。

7. 创新和完善乡村治理机制

在有实际需要的地方，扩大以村民小组为基本单元的村民自治试点，继续搞好以社区为基本单元的村民自治试点，探索符合各地实际的村民自治有效实现形式。进一步规范村“两委”职责和村务决策管理程序，完善村务监督委员会的制度设计，健全村民对村务实行有效监督的机制，加强对村干部行使权力的监督制约，确保监督务实管用。激发农村社会组织活力，重点培育和优先发展农村专业协会类、公益慈善类、社区服务类等社会组织。构建农村立体化社会治安防控体系，开展突出治安问题专项整治，推进平安乡镇、平安村庄建设。

五、围绕做好“三农”工作，加强农村法治建设

农村是法治建设相对薄弱的领域，必须加快完善农业农村法律体系，同步推进城乡法治建设，善于运用法治思维和法治方式做好“三农”工作。同时，要从农村实际出发，善于发挥乡规民约的积极作用，把法治建设和道德建设紧密结合起来。

1. 健全农村产权保护法律制度

完善相关法律法规，加强对农村集体资产所有权、农户土地承包经营权和农民财产权的保护。抓紧修改农村土地承包方面的法律，明确现有土地承包关系保持稳定并长久不变的具体实现形式，界定农村土地集体所有权、农户承包权、土地经营权之间的权利关系，保障好农村妇女的土地承包权益。统筹推进与农村土地有关的法律法规制定和修改工作。抓紧研究起草农村集体经济组织条例。加强农业知识产权法律保护。

2. 健全农业市场规范运行法律制度

健全农产品市场流通法律制度，规范市场秩序，促进公平交易，营造农产品流通法治化环境。完善农产品市场调控制度，适时启动相关立法工作。完善农产品质量和食品安全法律法规，加强产地环境保护，规范农业投入品管理和生产经营行为。逐步完善覆盖农村各类生产经营主体方面的法律法规，适时修改农民专业合作社法。

3. 健全“三农”支持保护法律制度

研究制定规范各级政府“三农”事权的法律法规，明确规定中央和地方政府促进农业农村发展的支出责任。健全农业资源环境法律法规，依法推进耕地、水资源、森林草原、湿地滩涂等自然资源的开发保护，制定完善生态补偿和土壤、水、大气等污染防治法律法规。积极推动农村金融立法，明确政策性和商业性

金融支农责任，促进新型农村合作金融、农业保险健康发展。加快扶贫开发立法。

4. 依法保障农村改革发展

加强农村改革决策与立法的衔接。农村重大改革都要于法有据，立法要主动适应农村改革和发展需要。实践证明行之有效、立法条件成熟的，要及时上升为法律。对不适应改革要求的法律法规，要及时修改和废止。需要明确法律规定具体含义和适用法律依据的，要及时作出法律解释。实践条件还不成熟、需要先行先试的，要按照法定程序作出授权。继续推进农村改革试验区工作。深化行政执法体制改革，强化基层执法队伍，合理配置执法力量，积极探索农林水利等领域内的综合执法。健全涉农行政执法经费财政保障机制。统筹城乡法律服务资源，健全覆盖城乡居民的公共法律服务体系，加强对农民的法律援助和司法救助。

5. 提高农村基层法治水平

深入开展农村法治宣传教育，增强各级领导、涉农部门和农村基层干部法治观念，引导农民增强学法尊法守法用法意识。健全依法维权和化解纠纷机制，引导和支持农民群众通过合法途径维权，理性表达合理诉求。依法加强农民负担监督管理。依靠农民和基层的智慧，通过村民议事会、监事会等，引导发挥村民民主协商在乡村治理中的积极作用。

各级党委和政府要从全面建成小康社会、加快推进社会主义现代化的战略高度出发，进一步加强和改善对“三农”工作的领导，切实防止出现放松农业的倾向，勇于直面挑战，敢于攻坚克难，努力保持农业农村持续向好的局面。各地区各部门要深入研究农业农村发展的阶段性特征和面临的风险挑战，科学谋划、统筹设计“十三五”时期农村改革发展的重大项目、重大工程和重大政策。加强督促检查，确保各项“三农”政策不折不扣落实到位。巩固和拓展党的群众路线教育实践活动成果，坚持不懈改进工作作风，努力提高“三农”工作的能力和水平。

第二节　《农业农村部办公厅关于加强农民创新创业服务工作促进农民就业增收的意见》

为深入贯彻《国务院办公厅关于发展众创空间推进大众创新创业的指导意见》精神，进一步营造良好的农民创新创业环境，激发农民创新活力和创业潜力，促进农民就业增收，现就加强农民创新创业服务工作提出如下意见。

一、深刻认识农民创新创业服务工作的重要意义

农民是新常态、新阶段背景下推动“大众创业、万众创新”中人数最多、潜力最大、需求最旺的重要群体。改革开放以来，我国农民创新创业蓬勃兴旺，不断为发展现代农业，壮大二、三产业，建设新农村和推进城乡一体化作出贡献，涌现出一大批卓有建树的企业家和懂经营、善管理、素质高、沉得下、留得住的农民创新创业骨干队伍。与此同时，各地主管部门认真履责、主动作为，推动农民创新创业服务工作广泛开展。但就整体而言，农民创新创业服务能力尚待提高，服务体系尚不健全，制约了农民创新创业开展。

各地实践表明，加强农民创新创业服务工作，有利于以创新引领创业、以创业带动就业，吸引各种资源要素和人气向农村聚集，培植农产品加工业、休闲农业和农村二、三产业新增长点；有利于构建现代农业产业体系、生产体系和经营体系，推动农村一、二、三产业融合发展，促进农民就业增收；有利于筑牢新农村和小城镇产业支撑，促进城乡发展一体化，推动稳增长、调结构、促改革、惠民生。因此，必须把加强农民创新创业服务工作作为主管部门的重要职责，进一步增强责任感使命感，下大力

气、形成合力、抓紧抓好。

二、正确把握农民创新创业服务工作的总体要求

加强农民创新创业服务工作，要认真贯彻落实党中央、国务院关于促进农民创新创业的一系列方针政策，坚持政府推动、政策扶持、农民主体、社会支持相结合，在农村和城乡一体化区域范围内，利用平台建设、政策扶持、创业辅导、公共服务、宣传推介等主要手段，以农村能人、返乡农民工、退役军人和大学生村官创办农产品加工业、休闲农业、民俗民族工艺产业和农村服务业为重点，以营造良好农民创新创业生态环境为目标，以激发农民创新创业活力为主线，探索走出示范先行、积累经验、辐射带动、整体推进的新路子，建立完善农民创新创业服务体系，孵化培育一大批农村小型微型企业，促进农民创新创业群体高度活跃，推动农民创新创业文化氛围更加浓厚。

要坚持市场导向，尊重农民的主体地位，鼓励社会资本支持农民创业。坚持政策扶持，降低创新创业门槛，着力培育创新人才和创业带头人。坚持因地制宜，发挥“三农”资源特色优势，不断拓宽创新创业领域。坚持就地就近，将农民创业与新农村建设、小城镇产业支撑、现代农业发展和区域经济特色结合起来，优化资源配置。坚持典型带动，激励成功与宽容失败相结合，形成点创新、线延伸、面推广的格局。坚持改革创新，推动“产学研推用”协同创新高效合作新模式，提供农民创新创业体制和机制保障。坚持绿色低碳，鼓励发展资源节约、环境友好型产业和产品，助力生态文明建设和绿色化发展。坚持艰苦创业，大力倡导弘扬乡镇企业想尽千方百计、说尽千言万语、受尽千辛万苦、走尽千山万水的“四千精神”，培育企业家精神，提高创新创业效率。

三、认真推动落实促进农民创新创业的扶持政策

对农民引进新业态、新技术、新产品、新模式进行创新和农民利用自身积累、发现机会、整合资源、适应市场需求创办的小型微型企业，要为其积极争取平等待遇，享受现有扶持创新创业、小型微型企业、“三农”金融支持和强农惠农富农的一系列政策措施，正在实施的农产品初加工设施补助政策、关键技术推广、休闲农业示范创建等要向农民创新创业倾斜。整合统计直报点和农民创业联系点，建立一批“农民创新创业环境和成本监测点”，发布“农民创新创业环境和成本监测分析报告”。对于那些促进农民创新创业政策环境好、服务优、意识强、氛围浓、农民创新创业活跃指数高、效果显著的县建成农民创新创业示范县。通过经验总结、模式研究、案例分析等手段，树立一批可借鉴、可复制、可推广的典型，引领更多的地方政府为农民创新创业创设政策、降低门槛、改善环境、提供服务。

四、努力搭建农民创新创业示范基地

支持和鼓励各类企业和社会机构利用现有乡镇工业园区、闲置土地、厂房、校舍和批发市场、楼宇、商业街、科研培训设施，为农民创新创业提供孵化服务，按照标准建成设施完善、功能齐全、服务周到的农民众创空间和农民创新创业示范基地。鼓励知名乡镇企业、小康村、农产品加工企业、休闲农业企业等为农民创新创业提供实习、实训和见习服务，按照标准建成农民创新创业见习基地。

五、进一步强化农民创新创业培训辅导

联合大专院校探索实行“理论学习+实践教学”的分段培养模式，争取为农民创新创业制定专门培养计划。依托现有乡镇企

业、农产品加工业和休闲农业培训机构，开展农民创新创业指导师、农民创新创业辅导员培训，建设一支专家导师（须为大专院校、科研院所专家）、企业家导师（须为企业生产经营管理人员）为主体的农民创新创业指导人员队伍。广泛组织农民创新创业、技术能手、职业技能培训，不断提升创新创业农民的综合素质、创业能力和技能水平，鼓励农民发展新业态、新技术、新产品，创新商业模式，大力发展“互联网+”和电子商务，引导各类农民创新创业主体与电商企业对接，培育农民电商带头人，对于那些创业成功、示范带动作用明显的农民创新创业者，按照标准将其培育成农民创新创业之星。

六、积极提供农民创新创业各类专业服务

依托现有的乡镇企业（中小企业）服务中心、创业服务中心等服务机构，通过政府购买服务、项目招投标等方式健全服务功能，整合社会资源，为农民创新创业提供包括政务、事务等专业和综合类的服务。要充分发挥大专院校、科研院所、行业协会和社会中介组织的作用，开展研发设计、检验检测、技术咨询、市场拓展等行业综合服务以及信息、资金、法律、知识产权、财务、咨询、技术转移等专业化服务。要加强法律援助，协助农民处理和解决创新创业中遇到的纠纷。同时，充分发挥重点乡镇企业、农产品加工龙头企业、休闲农业示范企业、小康村、大型农贸市场和乡镇工业园区的作用，组织创新创业农民与其对接，形成企业带动、名村带动、市场带动和园区带动农民创新创业的格局，真正做到“扶上马，送一程”。

七、不断探索农民创新创业融资模式

探索由各级农产品加工业、休闲农业、乡镇企业协会和中介组织牵头，吸引相关的投资机构、金融机构、企业和其他社会资

金建立农民创新创业发展基金。培育一批天使投资人，引入风险投资机制，发挥多层次资本市场作用，为创新创业农民提供投融资、担保、质押等多种方式的综合金融服务。加强与金融机构的合作，为农民创新创业提供低息、贴息贷款以及方便、高效的金融服务，不断降低农民创新创业的融资成本。

八、切实提高加强农民创新创业服务工作的指导水平

各地要高度重视推进农民创新创业服务工作，加强对农民创新创业服务工作的组织领导。农业农村部农村社会事业发展中心（农业农村部乡镇企业发展中心）要制订具体实施方案加以推进；各级农产品加工业、休闲农业、乡镇企业主管部门要分别制订工作方案加以实施，要加强与相关部门的工作协调，研究加强农民创新创业服务工作的政策措施。同时，充分发挥中国乡镇企业协会等社团组织的作用，帮助解决农民创新创业中的问题和困难，组织宣传推广农民创新创业的奋斗历程和成功经验，推介一批示范典型，不断激发农民的创新创业潜力，让农村大众创业、万众创新蔚然成风。

第三节 《“大众创业 万众创新”税收优惠政策指引》（新版）

2019年6月推出新版《“大众创业 万众创新”税收优惠政策指引》（以下简称新版《指引》）。

新版《指引》归集了截至2019年6月中国针对创新创业主要环节和关键领域陆续推出的89项税收优惠政策措施，覆盖企业从初创到发展的整个生命周期。其中，2013年以来出台的税收优惠有78项。新版《指引》展示了支持创业创新的税收优惠政策最新成果。

一、在促进创业就业方面

小型微利企业所得税减半征税范围已由年应纳税所得额 30 万元（人民币，下同）以下逐步扩大到 300 万元以下，增值税起征点已从月销售额 3 万元提高到 10 万元，高校毕业生、退役军人等重点群体创业就业政策已“提标扩围”，并将建档立卡贫困人口纳入了政策范围。

二、在鼓励科技创新方面

科技企业孵化器和大学科技园免征增值税、房产税、城镇土地使用税政策享受主体已扩展到省级孵化器、大学科技园和国家备案的众创空间；创业投资企业和天使投资个人所得税政策已推广到全国实施。金融机构向小微企业、个体工商户贷款利息免征增值税的单户授信额度，已由 10 万元扩大到 1 000 万元；金融机构与小型微型企业签订借款合同免征印花税。对职务科技成果转化现金奖励减征个人所得税。企业委托境外发生的研发费用纳入加计扣除范围，所有企业的研发费用加计扣除比例均由 50%提高至 75%，固定资产加速折旧政策已推广到所有制造业领域。软件和集成电路企业所得税优惠政策适用条件进一步放宽。

国家税务总局表示，将持续深化“放管服”改革，不断创新服务举措，确保“双创”优惠政策落地更便利更通畅。

【专栏】

12 省返乡创业优惠政策

（1）陕西：落地 1.51 亿元金融贷款支持返乡创业；
（2）河北：农民工返乡创业最高可获 10 万元担保贷款；
（3）甘肃：建“绿色通道”支持返乡创业者；
（4）四川：每县给予 500 万元资金扶持返乡创业；

（5）河南：100亿助农民工返乡创业；

（6）山东：返乡创业者可申请10万元贷款；

（7）湖北：大学生创业可获20万元支持；

（8）安徽：开展“接您回家”活动 支持返乡创业；

（9）江苏：出台全民创业行动计划；

（10）江西：小微企业贷款最高400万元，试点住房权抵押贷款；

（11）贵州：推出税收减免政策支持返乡创业；

（12）广东：返乡创业最高可贷300万元。

第三章　创业者基本素养

第一节　认识创业者

一、创业者应具备的心理素质

成功创办一家企业，成为一个企业老板，不是一件容易的事。我们需要了解什么是企业以及自己是否适合做一个企业老板。当我们很认真、踏实地走出这一步，就会对自己是否适合创办一个企业有了更清晰的认识。

要想成为一个成功的企业创办者，首先要有强烈的创业愿望和动机，敢为、独立、自信、耐挫、会减压。要注意，并不是所有的人都适合创办企业，也许我们有其他方面的素质和能力，而这些素质和能力可以使我们更适合做其他工作或寻求其他的就业方式。

1. 敢为

对于想要创业的人来说，成功的第一要义便是敢想敢做，出手果断，正所谓“十个想法不如一个行动”。只有那种不仅有创业想法，且敢于行动的人才能真正获得创业成功的机会。

俗话说：万事开头难。我们说难在哪？难就难在我们没有胆量迈出第一步。每当遇到一个困难时，内心首先都要打个问号，这个我能办到吗？其实人人都能忍受灾难和不幸，并通过努力战胜它们。但是现实中就是有人怀疑自己的能力，此时也变得没有胆量。殊不知，人类有强得惊人的潜力。只要我们加以利用，便能引领我们渡过难关。我们其实可以比我们想象的更加坚强，更有胆量，战胜一个又一个困难后，有了胆量，也就能够提升气场。

一万个空洞的幻想还不如一个实际的行动，唯有行动才可以改变我们的命运。很多人对创业充满期望，却又对自己缺乏信心。其实谁都可以致富，只要我们敢去做。在我们身边，许多相当成功的人，并不一定是他比我们“会”做，更重要的是他比我们“敢”做。

2. 独立

创业既为社会积累物质财富和精神财富，又是谋生和立业。创业者首先要走出依附于他人的生活圈子，走上独立的生活道路。因此，独立性是创业者最基本的个性品质。

作为一名创业者，我们应该建立自己的正见，正思维，建立一个衡量事物的标准。一个人一生中有很多的创业机会，只是太多人在新产业和机会面前看不懂，不明白，前怕狼后怕虎，总是在怀疑或担心这个那个的问题，总是很习惯地去问自己身边同一个层次的人：这个东西能不能做，有没有风险，这个东西合不合法，这个东西我要不要做，这个东西市场能不能被接受等问题，更严重的是自己已经明白了这个机会，但就是迈不出行动的那一步，总是更多的是让身边的人主宰着自己的思维和发展。事实上我们会发现，任何一位成功的人都是他在影响着别人的思维和行动，让更多的人跟着他的脚步在走，他们在做任何一件事情的时候都是在无声无息中进行着，当很多人知道的时候他们已经非常成功了，然而我们却在不知不觉中成为了他们产业链中的一名消费者！

3. 自信

人的意志可以发挥无限力量，可以把梦想变成现实。对创业

者来说，信心就是创业的动力。要对自己有信心，对未来有信心，要坚信成败并非命中注定而是全靠自己努力，更要坚信自己能战胜一切困难创业成功。

与金钱、势力、出身、亲友相比，自信是更有力量的东西，是人们从事任何事业最可靠的资本。自信能排除各种障碍、克服种种困难，能使创业获得完满成功。

4. 耐挫

世上没有绝对保险的生意，失败的风险随时可能发生。创业之路不会一帆风顺，所以，如果不具备良好的耐挫能力、坚韧的意志，一遇到挫折就垂头丧气，一蹶不振，那么，在创业的道路上是走不远的。只有具备处变不惊的良好素质和愈挫愈强的顽强意志，才能在创业的道路上自强不息、锐意进取、顽强拼搏，才能从小到大、从无到有，闯出属于自己的一番事业。

有统计显示，我国初次创业的失败率达70%以上。可见，挫折和失败是中外创业者必须时刻面对的“家常便饭”，没有足够的耐挫能力就不可能在艰辛的创业道路上坚持下去、不可能登上成功的高峰。

5. 会减压

中国已经进入全民创业时期，在创业过程中，刚起步阶段是最关键的，它不仅关系到一个企业后来的成败，同时，也是创业者最能发挥其主观能动性的阶段。如今越来越多的人愿意选择创业来代替就业，若成功不仅可以为社会创造一定的财富，帮助部分人解决就业，还可以实现自己的理想。但是，随着经济的发展，企业之间的竞争越来越激烈，创业者的压力也随之变大，特别是对于“初来乍到”的创业者来说，不仅缺乏一定的社会资源，还面临着很多的角色转变。如果创业者的压力不能够得到良好的梳理，一方面会影响个人的身心健康；另一方面很有可能会导致自己放弃创业。

在创业的过程中，或许会面对很多的困惑，要学会适时减压。

【案例】

王厂长的创业故事

王厂长是佳迪饮料厂的厂长，回顾8年的创业历程真可谓是艰苦创业、勇于探索的过程；王厂长带领全厂齐心合力，同心同德；出谋划策并为饮料厂的发展立下了汗马功劳。但最令全厂上下佩服的还数4年前王厂长决定购买二手设备（国外淘汰生产设备）的举措，饮料厂也因此挤入国内同行业强手之列，令同类企业刮目相看。

因为当时很多厂家引进设备后，出于不配套和技术难以达到设计要求等因素，均使高价引进设备成了一堆闲置的废铁。但是王厂长在这种情况下却采取了引进符合生产要求的二手设备的做法。事实表明，这一举措使佳迪饮料厂摆脱了企业由于当时设备落后、资金短缺所陷入的困境。二手设备那时价格已经很低，但在我国尚未被淘汰。因此，佳迪厂也由此走上了发展的道路。

二、创业者应具备的特质

对创业者应当具备的品质可谓是“仁者见仁，智者见智”。

请问在大家心中成功的创业者是怎样的呢？他们具备怎样的特质？托尔斯泰说过：“幸福的家庭都是相同的，不幸的家庭则各有各的不幸。”套用这一句话，我们也可以说：“成功的创业者都是相同的，失败的创业者则各有各的原因。”

我国学者陈德智借鉴古代圣贤的思想精髓，提出创业家应具备的品质为“五德”，即“智、信、仁、勇、严”。可细分为以下几个方面。

1. 强烈的欲望

一个真正的创业者一定是有强烈的欲望——想拥有财富，想出人头地，想获得社会地位，想得到别人的尊重。有人一谈起这些东西就觉得很庸俗，甚至一些成功者也不愿提起这样的话题，特别是一涉及钱，就变得很敏感、很禁忌，其实大可不必。

因为想出人头地，而凭自己现在的身份、地位、财富得不到，所以，要去创业，要靠创业改变身份，提高地位，积累财富，这构成了许多创业者的人生“三部曲”。

或许我们可以套用一句伟人的话：“欲望是创业的最大推动力。”

2. 开阔的眼界

对于创业者来说，只有真正见多识广。广博的见识，开阔的眼界，才能有效地拉近自己与成功的距离，使创业活动少走弯路。

如果我们是一个创业者，开阔的眼界意味着我们不但在创业伊始可以有一个比别人更好的起步，有时候它甚至可以挽救我们和我们企业的命运。

眼界的作用，不仅表现在创业者的创业之初，它会一直贯穿于创业者的整个创业历程。“一个创业者的眼界有多宽，他的事业也就会有多大。”

3. 善于把握趋势又通人情事理

创业是一个在夹缝里求生存的活动，首先要顺应社会，才能避免在人事关节上出问题。尤其处于社会转型时期，各项制度、法律环境都不十分健全，创业者必须学会先顺应社会。

创业者不但要明政事、商事，还要明世事、通人事。如在国家政策方面，国家鼓励发展什么，限制发展什么，对创业之成败很有关系。选对了方向，顺着国家鼓励的层面努力，可能事半功倍；选反了方向，就会“鸡飞蛋打”。

良好人际关系是创业的基本需求，创业者一定要有很好的人际关系，这会为创业者带来很多的便捷和机会，这应该是一个创业者的基本素质。

4. 敏锐的商业嗅觉

通俗来讲，商业嗅觉就是把商机转化为财富的能力。这要求我们时刻保持清醒的头脑，以时刻把握行业的发展变化、时刻在变化中挖掘商机、时刻掌握对手的情况等。

5. 拓展人脉

创业不是引“无源之水”，栽“无本之木”。每一个人创业，都必然有其凭依的条件，也就是其拥有的资源。一个创业者的素质如何，看一看其建立和拓展资源的能力就可以知道。

6. 谋略

商场如战场，一个有勇无谋的人，早晚会成为别人的盘中餐。创业是一个斗体力的活动，更是一个斗心力的活动。创业者的智谋，将在很大程度上决定其创业成败。

7. 敢于冒险

创业本身就是一项冒险活动。要有胆量、敢下注，想赢也敢输。创业是最需要强大心理承受能力的一项活动。很多创业者在创业的道路上，都有过“惊险一跳”的经历。这一跳成功了，功成名就；要是跳不成，就只好“凤凰涅槃、浴火重生”了。事实上，创业需要胆量、需要冒险。冒险精神是创业家精神的一个重要组成部分。

8. 与他人分享的愿望

作为创业者，一定要懂得与他人分享。一个不懂得与他人分享的创业者，不可能将事业做大。分享包括团队内部与外部分享。对于内部分享来说，只有当老板舍得与员工分享，员工的需要都得到了满足，员工才会为老板做更多的事，赚更多的钱，做

更大的贡献，回报老板。对于外部分享，由于分享不仅仅限于企业或团队内部，对创业者来说，对外部的分享有时候更为重要。

9. 锲而不舍，坚韧不拔

创业者不害怕失败，相信“成功的背后包含许多失败”，并因此坚定获取成功的决心。害怕失败的人会丧失他们可能具有的获得成功的动力，而且成功的创业者有能力从失败的经验中吸取教训，并且有效地调整方向，才能更好地理解自身和他人在遭遇失败中对于创业发展所起的作用，以便在将来避免类似问题再次发生。不断地“尝试—错误—矫正—尝试”的循环，是创业者学习过程中不可缺少的一部分。

10. 自我反省的能力

成功创业者有一个共通之处，就是都非常善于学习，非常勇于进行自我反省。作为一个创业者，遭遇挫折，碰上低潮都是常有的事，在这种时候，反省能力和自我反省精神能够很好地帮助我们渡过难关。曾子说：“吾日三省吾身”。对创业者来说，问题不是一日三省吾身、四省吾身，而是应该时时刻刻警醒、反省自己，唯有如此，才能时刻保持清醒。

创业者需要的是综合素质，每一项素质都很重要，不可偏废。缺少哪一项素质，将来都必然影响事业的发展。有些素质是天生的，但大多数可以通过后天的努力改善。如果能够从现在做起，时时惕励，培养自己的素质，创业成功一定指日可待。

第二节　创业精神

创业精神是指在创业者的主观世界中，那些具有开创性的思想、观念、个性、意志、作风和品质等个体品质的提炼与浓缩。如果从创业精神的不同层面去剖析，在哲学层面上，创业精神可以理解为创业的思想与观念，是人们对创业的理性认识；从心理学层面上，创业精神可以概括为创业的个性与意志，是人们创业的心理基础；在行为学层面上，它包含创业的作风与品质，是人们创业的行为模式。

创业精神作为一种精神内核，是可以培养与引导的。作为创业者，对自身创业精神的培养是非常必要的。创业者的创业精神包含以下几个方面。

一、勇于创新的品质

创造力是人们利用已有的知识和经验创造出新颖独特、有价值的产品的能力，是人们自我完善、自我实现的基本素质。取得成功的创业者都具有一些共同的特质，他们能够在不断的变化中创造机会，积极地寻找新的机遇，不放过任何想法，即使是在一些传统的创业活动中，也同样能够找到创新的方向，创造出全新的商业模式从而取得成功。

创新品质的培养是贯穿始终的。任何的创新都是在原有的基础上进行改革，这说明创新品质可以通过后天培养与训练。作为创业者，创新品质与能力的基础不是随意空想，而是要培养对日常事物的观察与探索。褚时健在 75 岁时选择再次创业，还是传统的农业创业——开办自己的果园，他所种的橙子被人们誉为“褚橙”，这得益于他不断的创新精神。通过 6 年的时间，褚时健不断摸索，创立了一套自己的种植办法，对肥料、灌溉、修剪都有自己的要求，工人必须严格执行。种橙期间，遇到任何难题，他的第一反应就是看书，经常一个人翻书到凌晨三四点，经过不断努力和试验，终于研制出了皮薄、柔软、易剥、味甜微酸、质绵无渣的“褚橙”，得到了市场的认可。

二、敢于冒险的品质

创业是一项风险性活动，它的成功与否取决于很多确定因素

和不确定因素。处理确定性因素，如注册公司、制定公司章程等活动的时候，付出和回报往往都能清晰地判断，而对不确定性因素，如创业方向的决策、人才引进的决策、拓展业务方法的决策等活动的处理，其产生的结果大部分都不能准确地预测和判断。不确定性因素意味着风险，而创业者必须具备面对和把握这种风险的能力，即冒险精神。

当然冒险不是盲目地随着个人喜好发展，更不等同于赌博，它是建立在成功概率之上的，是在敏锐的市场洞察力和详细的市场调查基础之上的理性激进的行为。在实践中，冒险表现出两种类型：本性型和认知型，前者出于天性，后者是可以在后天实践中培养起来的。因此，冒险精神可以通过训练内化习得。创业可以通过训练培养风险管理意识，即接受、认识、了解、衡量、分析以及处置风险的能力和意识。

三、积极主动的精神

主动精神即进取精神，是一种源自自身积极努力地向目标挺进的精神力量，是创业者必备的心理素质，也是事业开创及开创之后持续发展的内在关键力量。在事业面临不确定情况的时候，进取精神能够启动创业者所有的思维和资源，去主动面对困难、解决困难，保证事业的顺利发展。

任何事业的开创都是主动进取的结果，在市场经济下，市场的竞争性特征决定了市场主体必须对信息和机会有更强的把握能力。要求他们主动寻找和把握机会，主动寻求资源和市场等来实现自己的事业目标。被动适应、等待机会和不作为式的创业是不可能持续的，注定会被市场淘汰。总之，市场经济需要主动进取的精神，在创业过程中，不能被动等待，要主动去关注这个世界，对外部世界保持好奇，主动去探索、去交流，在主动中把握机会。

四、乐于合作的精神

合作精神是指两个或两个以上的个体为了实现共同目标（共同利益）而自愿结合在一起，一方面，通过相互之间的配合和协调而实现共同目标，最终个人利益也获得满足的一种社会交往导向心理状态；从另一方面来看，合作精神也是共享和共赢的一种体现。在信息化时代开放的市场环境下，没有人能独自创业成功，创业者需要尽可能降低风险，通过合作实现共赢是当今市场经济发展的必然趋势。

作为创业者，在创业的初始阶段，资金、人脉、能力都不可能完全具备，在精力上也不可能事事亲力亲为，必须借助合作伙伴的力量来取得成功。在必须借助企业外部力量渡过事业成长的关键期时，创业者也必须具备与外部合作的意识。在进行关键策略决策时，创业者也必须借助团队，实现科学决策。创业团队在合作的过程中，面临创业观念、能力、知识以及权力、物质上的利害关系，这些都需要相互磨合，在创业过程中不断锻炼。

【案例】

温州人的创业精神

温州人在创业创新实践中推动经济的不断发展和社会的不断进步，又在创业创新的实践中锻炼、提高着自身的各项素质和创业创新的能力，进行着自身的创新，推进了自身的文明建设，逐步形成了独具特色的人文精神品格。

温州人身上蕴含着一种令人折服的精神素质。温州人精神，又称温州精神。它是处于创业创新时期的温州人的共同理想、信念追求、价值取向、行为态度等因素的组合，是通过社会实践的融汇、培养、凝聚而形成的一种观念和意识。20 世纪 80 年代的温州人精神，被人所称颂的主要是“四千”精神，即“走遍千

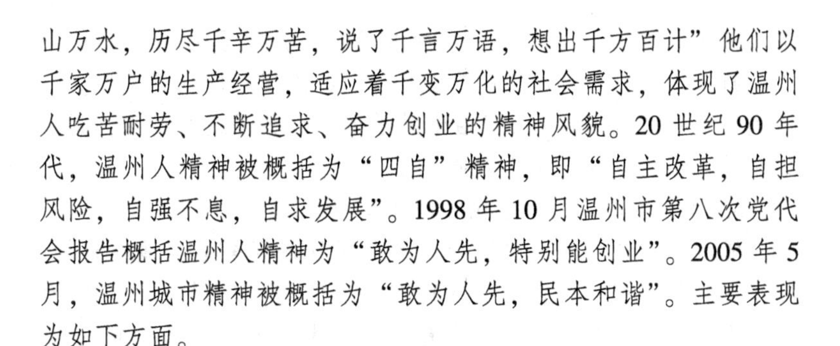

山万水，历尽千辛万苦，说了千言万语，想出千方百计”他们以千家万户的生产经营，适应着千变万化的社会需求，体现了温州人吃苦耐劳、不断追求、奋力创业的精神风貌。20 世纪 90 年代，温州人精神被概括为“四自”精神，即“自主改革，自担风险，自强不息，自求发展”。1998 年 10 月温州市第八次党代会报告概括温州人精神为“敢为人先，特别能创业”。2005 年 5 月，温州城市精神被概括为“敢为人先，民本和谐”。主要表现为如下方面。

1. 白手起家、自主创业的精神

温州的资源相对贫乏，人均土地面积只有 0.3 亩（1 亩≈667m^2。全书同）。土地资源人均占有量在全国排倒数第一，综合资源指数也是全国倒数第三位，可以概括为“零资源经济”。但温州近 20 年的经济年均增长率在 15%以上，到 2002 年财政收入达 120 亿元，国内生产总值达 1 100 亿元。这种经济的取得与温州人的创业精神有关。首先是白手起家、自主创业的精神，不管是正泰与德力西，还是康奈与奥康，他们都是白手起家。温州人从 20 世纪 80 年代的走南闯北，做补鞋匠，贩卖衣服，弹棉花，鼓捣小五金、小塑料开始，不以物小而放弃，不以利薄而不为。由此形成了“四自”自主创业的精神。

2. 特别能吃苦的创业精神

无论是康奈的老总郑秀康，还是美特斯邦威的老总周成建，他们一位是修鞋匠、一位是裁缝师傅，都是凭艰苦创业起家。“温州人白天当老板，晚上睡地板”，吃苦耐劳的精神是温州人的骄傲。创业初期，温州人所吃的苦是常人无法想象的。走南闯北，大部分时光在挤火车、汽车中度过，没有座位，就钻到别人的椅子底下，打地铺已是家常便饭。不畏劳苦，艰苦创业，是温州人的执著追求。从 20 世纪 80 年代的温州人以做小买卖开始，到 20 世纪 90 年代以质量立市、创建品牌开始了二次创业。目前，温州已成为鞋业中心、服装中心、低压电器中心、制笔中心、打火机中心等全国性的产业中心，打造出了国际轻工城。江泽民曾这样评价温州人："沿海赋予他们这种开放的精神，冒险的精神，最主要的是温州人能吃苦。"

3. 特别能闯、敢于冒险的创业精神

温州人不仅在温州本地创市场，而且跑到全国各地办市场、闯市场，甚至把市场直接拓展到国外。"哪里有市场，哪里就有温州人；哪里没有市场，只要有温州人就可开辟出新市场"。总而言之，温州人具有特别能开拓市场的闯劲和冒险精神，正是具有这种创业的闯劲，使温州人在竞争激烈的商海中有了一席之地。在商家必争之地，如上海、北京等城市，温州人不甘示弱，敢于抢滩；偏远地区如西藏、新疆等省区，尽管生存环境和居住条件远不如江南一带，但温州人不顾这些，照样去闯市场。在国外欧美发达国家的市场，温州人的打火机、眼镜随处可见；落后的亚非拉国家，温州人也不放过。据温州市政府 2002 年 10 月发布的信息：截至 2001 年，有 154 万温州人在全国各地累计投资达 1 050 亿元，创立企业 1.57 万家，创办商品交易市场 100 多个，经营的贸易销售额达 2 400 亿元，相当于温州贸易业销售额的 2 倍。温州人在温州本地市场之外，再造了一个温州市场。

4. 特别能创新的创业精神

改革开放 40 年来，温州人敢为天下先，成功地走出了一条脱贫致富的区域经济发展之路。事实上，改革开放过程中出现的许多新事物，如金融浮动利率、股份合作经济、农民进城等，都是由温州人先吃第一口、先迈第一步，然后推向全国的。温州人发展市场经济所形成的许多先发优势，都是由温州人敢为天下先所取得的，它体现了温州人一系列的全国第一，如第一批发放的个体工商户执照、第一个专业性小商品批发市场（永嘉桥头纽扣市场）、第一批股份合作制企业、第一个集资建造的飞机场、第

一个开辟的经营包机航线等。据统计，共有20多项全国第一是由温州人创造的，这些都体现了温州人特别能创新的创业精神。

第三节　创新思维

创新是创业的源泉，是创业的本质。创业者在创业过程中需要具有持续旺盛的创新精神。有创新意识才可能产生富有创意的想法或方案，才可能不断寻求新的思路、新的方法、新的模式、新的出路，最终获得创业成功。从某种程度上讲，创新的价值就在于将潜在的知识、技术和市场机会转化为现实生产力，实现社会财富增长，造福人类社会，而实现这种转化的根本途径就是创业。创业者可能不是创新者或发明家，但必须具有能发现潜在商业机会并敢于冒险的特质；创新者也并不一定是创业者或企业家，但科技创新成果必须经由创业者推向市场，使其潜在价值市场化，创新成果才能转化为现实生产力。此外，创业推动并深化创新。创业可以推动新发明、新产品或新服务不断涌现，创造出新的市场需求，从而进一步推动和深化科技创新，因而提高企业或是整个国家的创新能力有助于推动经济增长。

创业是要创“新业”，而不是创“老业”，创业必有创新，创新和创业是紧密相连的两个概念。一方面，随着科技与思想的更迭，创新改进了人们的生活方式和习惯，新的生活方式和习惯又提供新的消费需求，成为创业活动可以源源不断开展的因素；另一方面，创业活动本身是一种开创性、主动性的活动，与创新的本质相吻合。创业者只有在创业过程中具有持续不断的创新思维和创新意识，推陈出新，寻找新的模式和新的思路，才能获得创业的成功。

一、创新思维的方式

既然创新那么重要，在创业过程中应如何实现创新呢？首先，要培养自己的创新思维和意识，它是创新过程中的关键，是创造力的核心和源泉。一个具有创新性思维的人会有积极的求异性、敏锐的观察力、丰富的想象力、独特的知识结构以及活跃的灵感。这样的人一般也能够面对和解决新的问题，并能够抓住事物的本质，运用丰富的想象力将所学到的知识应用到其他的活动中。

对创业者来说，发现问题是创新思维培养的基础，产生疑问是创新的第一步，如果产生疑问但不能进行继续思考也是不能开展创新创业活动的。创业者要培养自己多维度的以及足够的思维空间，要能跳脱出原有的定势思维或者常用的思维框架。如何才能拥有多维度的思考框架呢？创业者可以依赖于具体的创业活动，在创业活动中，对各种知识，包括天文、地理、经济、管理，或者说对各种学科、各种学派、各种理论、各种方法进行学习和研究，从中汲取养分，通过分析与比较、综合与提高，形成新的思维方式。

二、创新思维的方法

1. 发散思维和聚合思维

在常用的几种创新思维中，发散思维是一种较为普遍的创新思维方式。发散思维又称为扩散思维，是对同一问题从不同层次、不同角度、不同方面进行思索，从而求得多种不同甚至奇异答案的思维方式。它的特点是多向性、灵活性、开放性与独特性，多向性是指从问题的各个方面去思考，避免单一、片面；灵活性是指在各个方向之间灵活转移；开放性是指每个思路都可以任意思考下去，没有任何限制；独特性是强调思路的特殊性、奇

异性，富有创新性。

与发散性思维相对应的聚合思维，聚合思维又称为收敛思维，是为了解决一个问题，尽量利用已有的知识和经验，把各种相关信息引导、集中到目标上去，通过选择、推理等方法，得出一个最优或符合逻辑规范的方案或结论。其主要特点是同一性、程序性、封闭性和逻辑性，同一性是指思考的目标是同一的，是向一个方向进行的；程序性是指不像发散思维那样灵活、自由，在思考的时候必须沿着一些程序进行；封闭性是指其思考范围有限，应面向中心议题；逻辑性是指思维过程必须遵守逻辑规律。

发散思维和聚合思维都是创新思维中重要的思维方式，他们看似相反，但其实是相互作用的，在创新的过程中发挥着不同的作用。只有把发散思维和聚合思维辩证统一起来，当做思维方式不可分割的两个方面，才能真正理解、发挥它的作用。发散思维方式是从一个点向外扩展，产生的观点、办法越多越好，侧重于数量，它可以帮助创新者开拓思路、冲破思维定势的束缚，从各个方向上想出许许多多新奇、独特的办法或方案。聚合思维是从四面八方向内集中，从多个方案中选出或者综合集成为一个最优的方案，侧重于质量，将所设想出的各种方法、方案加以分析、比较，为创新选择方向。

发散思维与聚合思维是分离、交替进行的，在使用两种思维方式的过程中，不能同时进行，同时，进行会将结果相互抵消，作用等于零。在同一个项目过程中，可以在前期采用发散思维，开阔思路，突破思维定势的束缚，在后期采用聚合思维，从众多的想法中选择最优的解决方法。2 种思维中间宜采用延迟判断的技巧，即不要马上下结论，从而将两种思维方式分开来，达到最佳的效果。

2. 逆向思维法

在我们的思维中，一般是按照时间、事物与认识发展的自然进程进行思考的，逆向思维正好相反，它从事物的反向进行非常规思维，这种思维方式常能出奇制胜，取得突破性解决问题的方法。它的特点是：①逆向性：需要从与正向思维对立、相反、颠倒的方向和角度思考问题；②求异性：即需要用一种批判、怀疑的眼光看待一切事物，方法与结果同常规形成强烈、巨大的反差；③失败率高：逆向思维是一个全新的角度，在使用过程中会伴有较多的失败，而一旦成功就有颠覆性的意义和价值。

逆向思维在创新中发挥着什么样的作用呢？在哪些时候可以采用逆向思维呢？首先是性质颠倒，如果在某个困扰性的问题上采用逆向思维，便有可能获得关于这个问题新的认识或者解决方法；其次是作用颠倒，可以就事物的某种作用从相反的方向去想，就很有可能得到新的设想，这是在逆向思维中比较普遍的；最后是过程颠倒，在事物发展的过程中从相反的方向去思考，看是否可以把过程完全颠倒，可能会有不一样的结果。

【案例】

逆向思维的运用

在逆向思维方式运用中，最典型的是“坎路生产方式”。1984年，瑞典坎路汽车公司所生产的丁型汽车市场需求量急剧增长，供不应求，其主要原因是工人手工组装汽车，生产方式落后，总经理德拉汉姆格外着急。有一次，他去一家肉食品公司参观，发现该公司的屠宰场是由一条条先进的生产线组成的，牲畜被送进去，经过流水线，被制成一块块、一包包肉食产品，整个过程只需要十几分钟。他深深地被这一场景所吸引，在心里问自己：能不能把屠宰场的这种生产方式运用于汽车生产呢？能否将汽车的零部件送进去经过流水线后就组装成一部汽车呢？于是，就按照这种设想，德拉汉姆从欧洲各国请来了设计高手，与本公司的专家共同研究，经过一次次试验，终于研制出了被称为“坎

路生产方式”的汽车生产线，结果大大提高了生产率，很快在全球范围内掀起了一场新的生产方式的革命，各种工业生产都先后从“坎路生产方式”中得到了启发或借鉴。

第四节　创业者的潜能

潜能是创业者综合水平的体现，是创业者成功创业的决定因素，主要有以下方面。

一、学习能力

创业者是企业的引路人，要带领企业不断前进和发展，就必须了解新技术、新的管理知识经验，对行业发展现状和未来有清醒的认识，对产品和消费者需求变化要十分熟悉。所有这些都需要创业者走在员工前面，走在竞争者前面，需要创业者有较强的学习能力。创业者要充分认识学习能力的重要性。要采用现代学习手段，运用科学学习方法，利用可能利用的时间和机会，为自己“充电”，只有这样，才能适应现代企业发展速度的变化需求，带领企业创造美好的未来。

二、规划能力

创业者要“胸怀企业，放眼世界，展望未来”，能够根据当前情况，合理确定发展方向和阶段目标，依据市场环境和企业自身条件，制定出可行性的企业发展目标。制定目标时要做到长、中、短各期目标衔接合理。只有创业者有企业发展的蓝图，目标明确，才能驾驭全局带领团队有计划、有步骤地开展工作，才能使企业从成功走向新的成功。

三、创新能力

创业本身就是创新实践活动。成功的创业者要使企业获得生存空间，并得到成长和发展，必须有自己突出的特点。例如，在生产技术、生产工艺、产品功能，结构质量、服务等方面与其他同类产品相比，本企业产品能满足消费者特殊功能的需求，或者高出一筹的质量，或者在外观上更符合消费者审美个性。创业者只有保持与时俱进的创新能力，才能使企业充满生机与活力，才能在激烈的市场竞争中，保持竞争优势，获得企业的可持续发展。要进行创新活动，创业者必须要对生产技术和管理进行非常深入的了解，同时，对于行业发展现状和发展趋势要十分清楚，还要分析消费者需求变化趋势，在此基础上，结合本企业特点，发掘本企业优势，就会不断实现创新活动，赢得市场竞争的主动。

四、预测决策应变能力

市场外部环境是瞬息万变的。创业者要以敏锐的视觉，观察周围情况的变化，采用科学的分析方法，对影响企业发展的各项因素作出及时准确预测，采用恰当的决策，找出应对外部环境变化的可行措施手段，引导企业良性发展。具体表现为管理信息能力，信息是企业发展的晴雨表。建立广泛的信息渠道和快速信息传输方式是企业生存发展的重要环节，特别是现代企业竞争日益激烈，外部环境瞬息万变，面对快速多变的市场，如果企业不能借助信息作出快速反应，将会贻误战机，将企业带入困难境地。创业者对信息的管理能力在当今社会事关企业生死存亡。管理信息能力主要指创业者对信息的敏感捕捉能力、信息识别能力、信息处理能力和信息利用能力。信息管理就是利用这些能力为企业各方面管理服务，提高企业应变能力。

第四章　创业团队的组建和管理

对于创业者来说，人是第一位的，因为企业是靠人来经营的，产品和服务是靠人来生产、销售和服务的。创业者选择什么样的创业伙伴，就会有什么样的企业。为了实现创业的目标，必须依据企业的需要、对应相应的人才，构建一个协调、高效的创业团队，创业团队必须具备应付各种任务的专业知识和专业技能，同时，创业团队人员之间必须关系和谐、信任有加、精诚合作、爱岗敬业、勇于奉献。组建创业团队是创业者的首要任务，打造团队是创业的重中之重。

第一节　认识创业团队

创业团队是指由两个或两个以上具有一定利益关系、彼此间通过分享认知和合作行动，以共同承担创建企业的责任、处在新创企业的人共同组建形成的有效工作群体。狭义的创业团队是指有着共同目的、共享创业收益、共担创业风险的一群创建企业的人；广义的创业团队则不仅包括狭义创业团队，还包括与创业过程有关的各种利益相关者，如风险投资家、专家顾问等。

一、创业团队的构成

很多创业者刚开始创业的时候人很少，甚至自己在做，但是随着事业的发展，创业团队越来越显得重要，而要形成强有力的创业团队，团队结构就必须科学合理，一般应由以下类型人员组成。

1. 领头人

企业创办发起人往往就是领头人，领头人就是要学会用人之长，容人之短，充分尊重角色差异，找到与角色特征相契合的工作，发挥每个员工的个体作用。在准备创业和制定创业计划时，你要考虑自己的团队组成，要明确哪些工作可以由你自己去做，哪些工作是你既没能力也没时间去做而需要团队成员去做的。

俗话说："兵熊熊一个，将熊熊一窝"，一个优秀的领头人关系创业的成败。在一个有胆识、有魄力、有智慧的领头人的带领下，大家才能"事业有奔头，工作有干头"，才能"心往一处想，劲往一处使"，才能凝聚合力，团结一致，冲锋陷阵，攻坚克难，取得创业的成功。否则，缺少核心的领头人，就很难形成有力的战斗团队，队伍就会一盘散沙，没有任何的竞争力，自然也就很难取得好的业绩。因此，领头人就是团队的核心和灵魂。

2. 人才

（1）技术人才。技术是行业发展的核心要素，不仅关系到生产经营的成本、质量、劳动生产率，对企业的生产规模和管理等诸方面都有着重要影响。因此，技术人才对于企业发展而言，在一定程度上起着决定性作用。没有优秀的技术人才就没有优秀的产品质量和优质的服务，当然就没有竞争力，最晚要被市场淘汰，尤其是在科技发展日新月异的今天更是如此。

（2）管理人才。科学技术是生产力，管理同样是生产力。生产经营管理人才是企业日常工作的组织者，不仅关系质量成本控制，而且还要调动一切积极因素，让每一个工作人员长期保持高昂的斗志，良好的工作状态，实现企业高效运转，提高执行力。如果没有管理人才有效发挥管理作用，生产经营就会陷入无序状态，就没有企业的正常运转，就谈不上企业竞争力和企业发展。

(3) 营销人才。产品被顾客选择才能实现产品向商品的转变，才能实现价值。企业的产品或服务能够为消费者接受，才能够实现产品或服务顺利进入消费领域，成为商品并实现价值。这一过程需要营销人才作出巨大的努力。企业的经济效益最终都要通过营销团队的努力实现。因此，营销人才在团队建设中有着举足轻重的作用。

(4) 金融人才。企业的发展离不开金融财务管理。一方面要遵守国家的法律规定；另一方面资金的筹措、管理、使用要建立一整套规范的规章制度，保证资金的合理利用和使用效果。因此，金融人才是团队建设中的重要组成部分。现代企业对金融人才有着更高的素质要求，不仅要精通业务，还要提高协调关系等方面的能力。只有这样，才能做到精打细算，提高资金利用效果，为企业发展保驾护航。

3. 顾问

创业前进行必要的咨询是有利于创业成功的，也是避免重大失误的有效措施。如果团队里有一些经验丰富的各行业专家是非常重要的，他们经历了行业发展的过程，目睹了许多企业生产经营的兴衰，对行业发展有其独特的视角和独到的认识，在行业内有着丰富的从业经验，团队能够吸收这样的人才为企业所用，肯定能够帮助企业少走弯路。

联系那些对你有过帮助而且将来还可能扶持你的行业专家，包括专业协会会员，会计师，银行信贷员、律师、咨询顾问和政府部门专家，争取获得他们的支持和帮助。

4. 合伙人

合伙人，通常是指以其有形资产或无形资产进行合伙投资创办企业，参与经营，依协议享受权利，承担义务的人。合伙人可以用资金、实物、技术、技术性劳务等作为合伙的投资形式。因此，合伙人可以是投资人、技术持有人、劳务投入人等。

如果企业不止一个业主，这些业主将以合伙人的身份与你共享收益，共担风险。他们将决定彼此如何分工合作。要管理好一个合伙制企业，合伙人之间的交流和沟通很重要，一定要透明和诚恳。合伙人之间意见不一致时要全方位沟通，求大同存小异，否则往往会导致企业的失败。因此，有必要准备一份科学合理的企业管理规章制度，使每个合伙人的责任和义务、风险和利益的安排清晰、分工明确、分配合理，促使合伙人共同遵守。

5. 员工

你不可能有时间或能力把所有的工作都承担下来，这就需要别人来分担，这就要招聘员工，让员工来完善你的企业工作。能招聘到符合岗位职责的适当技能、有工作积极性的员工，对你来说是很重要的，尤其是适合你企业的员工。当你确定需要招聘员工后，要把岗位的工作职责写出来。岗位职责要明确规定某一特定领域里要做的工作。让员工明确知道企业需要他们做什么、应该做什么，并以此来衡量员工的工作绩效。

总之，准备创业的你，你组建的团队成员都会影响你创业的成败。你要管好企业，就要慎重地选择人员，要明白他们各自的角色和岗位。一个有效率的企业要组织得严谨，让所有团队成员知道自己必须做什么以及完成任务所需要的技能。认真搞清你所需要的人员，为全体职工建立岗位责任制，你的企业管理起来就会容易得多。

二、成功创业团队的特点

创业团队成员都应将团队利益置于个人利益之上，要充分认识到个人利益是建立在团队利益基础之上的，团队中不能存在个人英雄主义，每一位成员的价值，都体现为对于团队整体价值的贡献。成员不计较短期获取的薪资、福利、津贴等，愿意牺牲短期利益来换取长期的创业成果。

1. 好的领头人

领头人是创业团队的灵魂和核心。俗话说“火车跑得快，全靠车头带”。许多创业成功的案例证明“团队带头人是成功创业的关键”。优秀的带头人有高远的志向、过人的胆识和智慧，有魄力、有凝聚力和组织管理能力，有博大的胸怀，有敢于胜利的英雄气概，不怕困难，敢于创新，为了企业发展，深谋远虑，趋利避害，不计个人得失，一往无前。许多创业团队在很短的时间内就消亡了，很重要的原因在于创业团队的带头人其实根本不是一个合格的带头人。

2. 协作的团队

团队成员必须对企业长期发展经营充满信心，每一位成员对于企业经营成功要给予长期的承诺，不因一时利益或困难退出团队，都要清醒地认识到创业将会面临的挑战和困难。这样才能全身心地投入到工作中去，才能凝聚共识、同心同德、团结协作将事业推向成功。当然，为了能形成利益共同体，不能只有语言上的承诺，必要时要从制度上进行规范，尤其是在责任和利益上的约定。

3. 明确的价值取向

团队成员应该有认同的明确一致的价值取向，全心致力于创建企业的发展。团队成员只有认同了价值取向，其目标才坚定，才可能保持持久的创业激情，拥有昂扬的斗志，不遗余力为其奋斗，企业才可能走向成功。在创业的过程中，经常明确和修正价值取向，是吸引有相同价值取向的人员加入团队，时刻保持旺盛的精力和创业热情。缺乏相同的价值取向，会失去创业的信心，产生消极情绪，对创业团队所有成员产生的负面影响可能是致命的。

4. 明确的目标责任

创业团队要根据发展规划制定科学的发展目标。在目标设置时，要统筹兼顾，做到近期目标、中期目标、长期目标融合对接，科学合理。要让团队成员熟知他们工作应该达到的目标。必要时在团队目标的前提下，明确细分团队成员的具体目标。让成员清楚自己应该努力的方向和程度。在此基础上，通过建立健全制度和科学的运行机制，明确目标责任，严格考核成员履行职责情况，实行有效的奖惩办法，确保目标任务落到实处。

5. 合理的利益分配机制

平均主义和大锅饭是懒惰的温床。团队成员的利益分配不一定要均等，但必须要遵循大家认可的规则进行分配，尽量做到合理、透明与公平。要按照贡献与报酬相符的原则，避免贡献与报酬不一致的不公平现象。通常创始人与主要贡献者会拥有比较多的股权，但只要与他们所创造价值、贡献上能相配套，就是一种合理的股权分配。为了今后鼓励干事创业，也可以留有一定比例的股权，用来奖赏以后有显著贡献的创业成员，在利益分配上留有余地，富有弹性。

6. 沟通的创业团队

裂痕来源于缺乏有效的沟通。能够适时有效进行沟通的创业团队，才有向心力、凝聚力和战斗力。有意见分歧是正常的，因为工作辨明是非是负责任的表现。在发生意见冲突的情况下，能够分清是非以企业目标为重，主动搞好沟通与协调，及时消除误解。要非常重视建立和维护创业团队成员之间的相互沟通，特别是团队的主要成员，一旦出现信任危机，将会带来严重后果。因此，在创业组建团队之前，要特别注重对团队成员的了解，观察其是否有诚信，成员的行为和动机是否带有很强的私心等，将组建团队的风险和危机排除在创业之前。

三、创建创业团队的要素

1. 凝聚目标共识

有一个共同的目标，是团队拥有战斗力的核心。有了共同目标，大家才知道自己为什么干，如何干才能实现目标。只有努力的目标一致，大家才容易凝聚共识，增进团结，形成同呼吸、共命运的共同体，才能心往一处想，劲往一处使。才能形成团结协作的战斗集体，同心同德，攻坚克难，取得事业上的成功。

2. 建立组织体系

组织体系如同一个健康机体的脉络，结构合理才能保持健康机体各部分功能正常运行，实现整体的协调运转。如果组织体系不健全就会使局部功能不能发挥，整体协调出现困难，组织统领全局的作用就难以实现；如果组织庞杂，就会局部协调交叉重叠，出现互相扯皮的现象，也会造成资源的浪费。只有设立的组织体系平行设置层面全面，纵向层次清楚，形成一个科学合理的组织系统，加上有效的管理才能体现组织的整体功能，有效发挥团队战斗力。

3. 科学配备人员

团队战斗力最终是由人员的工作表现和系统业绩体现的。要想发挥组织团队的战斗力，组织人员的配备至关重要。组织机构要发挥有效的功能，一方面要保证人才结构的合理性，这是保证各项功能发挥的前提，任何一个层面缺少了专有人才，都难以实现好的组织效果。另一方面每个层面的人员数量要合理，少了，不够用不行；多了，人浮于事效率低下，也不行。在组建团队之前要根据组织体系的要求，认真分析岗位特点，合理确定人员配备。

4. 明确责权范围

组织的协调配合是检验团队战斗力的重要指标。要使团队有一个好的表现，部门间职责和权限必须具体明确。既不能有职责权限出现空缺地带，无人管理；又不要出现职责权限重叠，互相扯皮。只有职责权限界定清楚，科学合理，才能各部门协调统一，实现军团作战的功效，发挥团队整体效能。

5. 合理规划任务

团队的功能作用究竟如何，要通过完成一定的工作任务来体现的。这需要对组织赋予一定的工作任务，才能实现运转。因此，一方面要合理制定工作任务；另一方面要通过科学的调度指挥、组织制度机制才能保证按时保质保量地完成。所以，组织保障有力是要靠计划组织指挥的科学合理实现的。

第二节　了解团队成员

管理创业团队就是对人的管理。对于企业而言，从企业董事长、总经理、中层部门领导、业务主管到基层班组长，职务无论大小，都有一定的管理职责和任务，如何胜任岗位，担当职责，做一个称职的领导是每个管理者思考的重要课题。当然一个优秀领导的基本素质要求应该是多方面的，也是综合性的，主要包括如下内容。

一、带头人

1. 观察力

观察力是指带头人的发现能力。“看不出问题就是最大的问题”。任何发生的事件都有一定的表象，一个优秀的领导就是能善于发现客观事实产生的表象，并能通过表象，分析到表象背后的事物发生的本质。带头人就要有一双“慧眼”，通过观察日常管理情况，表现出非同寻常的洞察力和敏感性。有时候下属的一个眼神、一句话，都可能预示着什么，有可能看似正常的事情，

如果不留意，可能看不出异常。带头人要提高自己的观察力，不仅要对于从事的行业业务知识非常熟练，还要对环境和所管理的对象等方面非常了解，特别是要学会从不同的角度观察事物，更重要的是不断地加强实践锻炼，在实践中寻找事物的规律，提高观察力。

2. 思考力

思考力是指分析推断能力。科技工作者在看到事件的现象之后，通过进行由表及里、由上到下、由前至后等不同层面的分析推理，研究得出发明创造成果，依靠的正是超常的思考力。一个优秀的管理者要领导大家不断战胜困难，取得事业上的成功，就是要具备优秀的思考力，对事物作出正确的推断，拿出科学合理的管理措施，不断使工作展开新局面，取得新进展。带头人要提高思考力，必须有足够的文化知识积淀和丰富的实践阅历，要掌握科学的逻辑思维方法。

思考力的大小是指由于对思考对象所拥有的知识面、信息量等了解程度，能够产生对事物有多大的判断推理能力；思考力的方向就是围绕思考对象要达到的目标，形成的思考路径；思考力的作用点就是对思考对象在思考时的着力点、着眼点、出发点、思考把握的关键点。作用点正确可以产生事半功倍的效果。“三要素”的有机结合是形成良好思考力效果的基础。

3. 决策力

决策力是带头人对优秀方案的选择能力和决断力。田忌赛马就是很好的例证。任何管理岗位有时候都需要领导“拿主意”“定调子”，且事关工作成效，甚至成败。可见领导决策力在管理中的分量举足轻重。领导的决策力主要体现决策是否具有理智性、适时性、果断性、正确性、全面性、创新性。

正确的决策主要掌握以下要点：一是有明确的决策目标；二是充分了解掌握决策对象的发生情况和具备的条件；三是制定达

到目标应有的不同方案；四是掌握分析评价方案的不同方法；五是根据目标价值取向，选用适当的决策方法确定最优方案。

4. 组织力

组织力是指带头人为达到组织工作目标，整合工作资源，带领组织成员完成工作任务的能力。

组织的绩效在很大程度上取决于带头人的组织力。体现带头人组织力的方面主要有组织成员有明确一致的工作目标；步调行动协调一致；工作效率高、质量好；沟通信息渠道健全，信息速度快、效果好；组织成员团结和谐等。带头人要增强组织力主要采用的方法有以贤能领众、以精神励众、以典范引众、以方略率众、以法纪理众。

5. 影响力

影响力是指带头人通过自己的思想、行为以潜移默化的形式对组织成员在思想、行为方面产生的引导、驱动作用。体现带头人影响力的主要方面有思想、舆论、崇拜、工作技能、生活、言行等。带头人提高自己的影响力主要从以下方面着手：拥有渊博的知识，掌握高超的专业能力，练就雄辩的口才、陶冶高尚的情操、提高公正的处事能力，强调重视别人的利益、丰富实践展示平台等。

6. 执行力

执行力是指解读贯彻执行上级指示精神，安排部署和完成上级工作任务的能力。执行力是检验领导水平、责任意识、大局意识的重要方面。良好的执行力主要表现在安排工作顺畅；工作效率高、效果好；令行禁止等。提高带头人执行力主要从以下方面着手：提高带头人责任意识、大局意识；提高带头人综合素质和管理能力；加强组织制度建设；加强团队建设，增强凝聚力等。

二、优秀带头人的性格特征

1. 沉稳

沉稳是指稳重，淡定，沉着冷静，遇事不慌，不浮躁。处惊不乱，处乱不慌，遇到意外情况时，能够保持头脑清醒，分析发生的原因，对事件作出正确的判断，经过理性思考再做决定。性格沉稳、主要表现为不随便显露情绪、不随便诉说困难和遭遇、紧急情况行动稳健不慌不忙。做一个性格沉稳的带头人要锤炼自己的稳重习惯。在任何情况下，讲话语速适中，不要匆忙；遇事冷静，处乱不慌；行动稳健，不慌里慌张；征询别人意见，先思考但不急于讲；重要决定先调查研究，不急于表明主张；遇到不满，不发牢骚，表现正常。

2. 细心

细心是指心思细密，做事仔细。思考问题方方面面考虑得周全，做起事来注重细枝末节。

细心的主要表现：想到别人常常想不到的层面，做事能够注意常常容易忽略的细节。细心主要做到：一要思考问题学会分析事物的方法。要注意从事物发生的根源上寻找要达到的目标途径，运用发散思维方式逐条分析，不出纰漏。二要养成良好的行为习惯。对执行不到位的问题，要发掘产生的症结；对做事惯例，要思考优化的办法；养成井井有条的处事习惯；经常查找工作中别人难以发现的问题；工作中发现缺失及时“补位”等。

3. 胆识

胆识是指胆量和见识。人人都渴望成功，人人都具有成功的潜 能，但现实生活中，只有那些拥有超常胆识的人，才能够成为真正的成功者。当然胆识是建立在充满自信和分析论证基础之上的，绝不是盲目冒险的鲁莽行为。有胆识的带头人常常表现为：讲话充满自信；做事意志坚定，不反悔；遇到争执不下的问题，旗帜鲜明，有自己的主张，不随波逐流。遇到不公、不正、不仁、不义之事，敢于表明立场；对于资历资格老、自视清高、专横跋扈者的违规行为，能够坚持自己的观点；自己负责的工作，能够处理好原则与感情的关系；在做好论证时，勇于尝试风险等。有胆识主要做到：一要分析论证透彻；二要做事准备充分；三要过程随机应变；四要敢于承担风险。

4. 积极

积极是指在工作中不甘落后总是走在别人前面的行为。积极进取的意志品质是追求上进的表现，是创造不菲业绩的条件。积极品格主要表现：思考问题从正面考虑得多，心里阳光，充满希望；做事充满信心，有将事情做得又快又好的愿望和行动。养成积极品格助推成功的主要措施：一要养成要求进步的习惯；二要遇事做好周密的思考和准备；三要实施计划分析有没有优化的办法；四要有竞争意识，不胆怯；五要遇到不利的局面，能让团队保持乐观阳光的心态，带领团队寻求突破，走出困境；用心做事，不负众望；六是结束或放弃困局干净利落。

5. 大度

大度是指度量大，心胸宽广、宽容。大度主要表现：能够原谅 别人的过错；不计前嫌；难事能够拿得起放得下；处理利益攸关的事不斤斤计较；事事从对方考虑，换位思考，谦让等。大度主要做到：一要心胸宽广，“大肚能容天下之事”“宰相肚里能撑船”；二要无私，“心底无私天地宽”；三要重情义，“为朋友两肋插刀”，不计个人得失；四要轻权力，“无权一身轻”，不注重权力带给自己的利益与荣耀；五要乐于奉献，助人为乐。

6. 诚信

诚信是指诚实守信用。诚信的主要表现用一句话概括就是“言必行，行必果”，即说到做到。做到诚信主要有以下方面：做不到的事情不说；不要虚的口号和标语；解决企业存在的“不

诚信”问题；遵守职业操守；倡导诚信文化；维护品牌信誉等。

7. 担当

担当是指承担并负起责任。主要表现：临危受命；主动请缨；缺位时主动补位；主事人不履行职责或能力不足时，主动担当；总结过失教训时主动受过。做到担当主要从以下方面：总结工作先查找自己“过错”；承担过错从上级开始；在划分任务时，勇挑重担；对于胆小怕事之人，要明确敢于担责后造成的损失应有组织承担。

三、管理层

人在社会生活和工作中，扮演着多种角色，很多情况下管理者相对于下属行使着领导职责，而相对于上司则又成为下属。事实上大多数人更多的时候在扮演着下属的角色。因此，如何做一个称职的下属，不仅关系自身发展，对于企业团队建设至关重要，在很大程度上直接影响着工作执行力，最终影响企业发展。

1. 综合素质

作为企业的成员，完成本职工作需要相应的专业技能外，还应该包括口才、文字写作、人际交往、办公设备和工作中具备岗位工具使用、管理知识技能，甚至更宽泛的知识文化修养、社会技能和生活高雅情趣等。综合素质提高途径除了专业培训，更重要的是自身对知识和技能的学习实践，尤其有意识地学习更有利于综合素质的提高。

2. 责任心

影响工作业绩的因素：一是工作时间；二是工作效率；当然还有生产环境等其他因素。影响工作效率的因素：一是工作能力；二是工作态度。而工作态度除了理想信念、激励因素之外，一个重要因素就是责任心。从生产实践中可以得到证实，责任心强的人担心自己影响大局，在缺位时补位也是为他人、为企业、为大局着想。责任心不强的人，即使工作能力强，工作效率也不会很突出，有时可能会出现纰漏。因此，加强责任心，对工作负责、对企业负责、对他人负责、对社会负责，就能提高工作效率，提高执行力。

3. 忠诚

企业管理职能是通过组织系统实现的。企业的高效管理体现在组织系统优良的组织能力。组织管理的职能之所以从高层到基层畅通无阻，顺利执行，就是因为中下层次的管理者作为上一级的下属能够不打折扣地执行上一级的指令。所以，只有下属对上级忠诚，才能执行工作效率高，力度大。要做到忠于上级应该做到：准确理解上级指令意图；及时传达落实上级指令，主动报告工作进度；自觉接受上级指导；对上级批评意见虚心接受，分析原因，不再重犯；接受任务干脆痛快；积极帮助他人工作；向上级建言业务优化方案等。

4. 团结合作

作为下属要了解组织团队的重要性。通常情况下，工作业绩是团队集体团结协作共同努力的结果，个人或部门在团队工作中都是一个协作单位。工作目标要互相依赖，协作完成。作为下属要认识到团结的重要性，只有大家高度协调统一，团结合作，协作配合，才能实现团队战斗力，实现共同目标。

5. 勇于担当

担当是高度责任心的表现。企业要发展，特别是创业企业，有时人才匮乏，很多工作都是第一次，很多时候需要勇敢精神，需要有人敢冒风险，需要有人能够冲上去、顶得上。特别是领导不在场的情况下，及时补位对解决当时困局至关重要，作为下属为企业发展，为企业分忧，才是企业发展的根本。

四、员工

员工是指企业（单位）中各种用工形式的人员，也是企业具体任务的执行者，关系的企业的执行力。因此，用各种可能的发展来激励他们，然后寻求他们的支持。使你的员工承诺他们将要做什么，什么时候做和如何去做。实现各尽其能、各尽其才、各尽其长。

针对知识型员工的管理，因为这类员工掌握企业生产发展所必需的知识，具有某种特殊技能，因此，他们更愿意在一个独立的工作环境中工作，以便静心思考、学习和研究，不愿意接受其他事物或人员的牵制，企业就尽可能为他们提供独立的空间，减少干扰。

针对生产型员工的管理，因为这类员工是处于生产一线，考核指标主要是生产效率和生产质量。生产型员工对于生产过程最熟悉，对于生产中影响生产效率和产品质量的因素最了解，通过细心观察和正确分析，进行生产技术革新完全是有条件和机会的。对生产型员工改进生产流程的创新，要给予充分的肯定和奖励。

第三节　管理创业团队

通过在管理上创新来增加企业效益是企业追求的目标之一。常言道“三分技术，七分管理”“管理同样是生产力”等都是突出的管理的作用。作为企业，都有一个岗位管理的职责，所有岗位管理构成了企业管理。作为团队成员，都能够履行好本职岗位管理职责，说明该企业具有良好的执行力。如果能够结合岗位管理特点，对管理制度、管理组织体系、管理方式进行改革创新，实现岗位组织管理更加高效，是提高执行力的突出表现。事实上，创业团队成员的组织过程实际就是选人、用人、留人、育人4个方面内容。核心是“量才适用，各尽所能”。

一、团队成员的组织过程

1. 选人

创办企业要根据自己的创业发展规划，制定合理的团队建设发展规划，在不同的时期、不同的发展阶段，根据创业发展需要确定人员数量和人才类型，采用一定的招聘人才方法选择适用人才。

选人基本依据是有助于企业发展。具体标准有：同时具备良好的工作态度、职业能力、忠诚度，三者缺一不可。选择有成功经验的人。选择不以赚钱为第一动机的人。选择能使团队增强凝聚力、向心力的拥有正能量的人。选择“资产型”人才。

选人要注意的事项：选择人才要严格标准，心太软录用不合标准的人员，就是对团队不负责任。选人要注意团队人员的性格互补。选人要注意团队人员的能力互补。

2. 用人

用人基本依据是“因才适用，人尽其才”。企业需要选用优秀的人才。优秀的人才一般具有工作有主动性和自发性；注意细节；为人诚信负责；善于分析、判断、应变；乐于求知、学习；具有创新意识，工作常常具有创意；不怕困难、百折不挠，工作投入有韧性；人际关系（团队精神）良好；求胜欲望强烈；勇于担当等特征。可以让优秀人才具有归属感，为其创造独当一面的机会。

3. 留人

梳理员工关系，分析其不同特点。根据员工对工作的不同态度，通过采用制度留人、感情留人、事业留人、待遇留人、环境留人的不同策略，留住企业有用之才。如果不能为企业带来正能量，就要坚决淘汰那些为企业带来负能量的人

4. 育人

创业之初，受规模和对人才需求认识的影响，人才的数量、结构有可能与创业发展要求不符。随着创业企业的进一步发展，这种现象可能更加明显，特别在外部人才短缺的情况下，就需要企业挖掘内部潜力，自己培养各层次人才。同时，技术发展和知识的更新，员工素质都存在不断进步提高的客观要求。因此，继续教育成为企业人员素质培养的重要工作。

员工素质培养主要包括知识、技能、工作态度三方面的内容。在知识培养方面除了应掌握本职工作必需的知识外，还应该学习企业战略、经营理念、经营知识、法律知识、企业规章制度等；在技能工作培养上，还要拓展人际关系、经营谈判、产品研发、技术攻关等。工作态度要重点培养对企业的忠诚度，促使员工建立良好的互信、合作工作关系，增强积极性、主动性、责任感，加强企业文化的认同感等。

二、团队成员的关系管理

创业团队的所有成员都是企业的员工，都涉及管理，包括创业者、合伙人、一线员工等。员工管理的内容涉及了企业文化和人力资源管理体系。从企业愿景和价值观确立，内部沟通渠道的建设和应用，组织的设计和调整，人力资源政策的制订和实施等等。所有涉及企业与员工、员工与员工之间的联系和影响的方面，都是员工管理体系的内容。

从管理职责来看，员工管理主要有 9 个方面. 一是劳动关系管理。劳动争议处理，员工上岗、离岗面谈及手续办理，处理员工申诉、人事纠纷和意外事件。二是员工纪律管理。引导员工遵守公司的各项规章制度、劳动纪律，提高员工的组织纪律性，在某种程度上对员工行为规范起约束作用。三是员工人际关系管理。引导员工建立良好的工作关系，创建利于员工建立正式人际关系的环境。四是沟通管理。保证沟通渠道的畅通，引导公司上下及时的双向沟通，完善员工建议制度。五是员工绩效管理。制定科学的考评标准和体系，执行合理的考评程序，考评工作既能真实反映员工的工作成绩，又能促进员工工作积极性的发挥。六是员工情况管理。组织员工心态、满意度调查，谣言、怠工的预防、检测及处理，解决员工关心的问题。七是企业文化建设。建设积极有效、健康向上企业文化，引导员工价值观，维护公司的良好形象。八是服务与支持。为员工提供有关国家法律、法规、公司政策、个人身心等方面的咨询服务，协助员工平衡工作与生活。九是员工管理培训。组织员工进行人际交往、沟通技巧等方面的培训。

三、团队成员的激励措施

为团队成员营造一个和谐的工作环境，使团队成员能充分发展、学习和分享他们的才干，需要通过相应的激励措施来实现。企业建立的激励措施需要具备相应的特点，才能发挥高效的激励作用，激发使团队成员的无限潜力。其特点包括因人而异，鼓励的方式有多种。如荣誉、物质奖励、晋升等，要采用恰当的方式，才能收到理想的效果；因事而异，不同的时间或不同的情况，存在不同的背景因素，作出的工作成绩可能会有差异，要与时俱进，奖励方式要体现工作的特殊性；奖励适度，客观地评价作出的成绩，运用类比方法根据不同的情况，采取恰当的奖励措施；公平性，对于处于同一或类似状态下的积极工作表现，要一视同仁。否则，可能鼓励了一部分人，同时，可能挫伤了一部分人的积极性。

四、团队成员的淘汰方式

企业辞退员工大致有两种，一种是内因，个别员工的工作能

力或是工作态度不适应企业的要求，被企业辞退。另一种是外因，如企业应对财务危机、发展瓶颈以及战略调整、体制改革，等等，企业需要大规模裁员。此时，适宜采取的是自上而下的缩减编制。第一步，减缓企业老板、合伙人等的股金分红。第二步，缩减管理层的薪水和红利。第三步，降低员工的薪资和减少工作时数。第四步，不得不裁员时，企业势必尽全力想办法先安排员工调职到其他不同的公司。如此，才可以提高员工对企业的忠诚度、责任心和创造力，才有可能让企业不断发展。

【案例】

马云创业的奇迹

天时不如地利，地利不如人和，可见团队的力量可以优于天地。你要实现创业的目标，必须组建团队，通过合作作出单独一个人所不能作出的事业，将智慧与双手和团队结合起来，可以实现超乎想象的事业。

1995年3月，马云从杭州电子工业学院辞职，自己拿出六、七千元，向妹妹、妹夫借了1万多元，凑足了2万元准备创业。1995年4月，中国第一家互联网商业公司杭州海博电脑服务有限公司成立，随中国的互联网一同发展并为国人提供中国黄页。创业团队仅有马云、马云夫人张瑛以及何一兵共计3名员工。到1999年，马云团队的十八罗汉凑够50万元，开创阿里巴巴网站，2014年9月19日，阿里巴巴集团于美国上市，首日市值高达2 314亿美元，成为中国最大的互联网企业，总排名仅次于苹果、谷歌、微软之后的第四位，马云一跃也成为中国首富。总之，完成小合作有小成就，大合作有大成就，不合作就很难有什么成就。思考：马云创业20年成为中国首富，通过十八罗汉的创业团队15年创造了世界第四、中国第一的互联网企业。成功的关键是什么？

第五章　创业模式、项目的选择

第一节　创业模式的选择

一、个体经营模式

个体经营是生产资料归个人所有，以个人劳动为基础，劳动所得归劳动者个人所有的一种经营形式。个体经营有个体工商户和个人合伙两种形式。社会上一般认同的个体工商户则指广义上的个体工商户，其中包括个人合伙。

个体经济具有进入门槛不高、成本和风险低、进出自由以及经营规模、方式和场地灵活等特点和优势，是大部分农民在城镇化过程中实现身份转型的必经途径，也是民族地区农民走出农村，实现脱贫致富的必然选择。

(1) 多种经营之路。面向市场，立足优势，大力发展猪、牛、羊、兔、鸡、鱼、果、药、菜等多种经营骨干品种，形成规模，提高产品商品率和市场占有率。

(2) 高效农业之路。加速农业科研成果转化，推广良种良法，促进农产品优质、高产、高效，提高农业生产经营效益。

(3) 区域经济之路。根据地域特点和需求，着力开发特色产业或产品，努力形成“一乡一业，一村一品”的区域经济格局。

(4) 庭院开发之路。利用庭院，抓好小菜园、小果园、小

鱼池、小禽场、小作坊“五小”建设，大力发展庭院经济。

(5) 加工增值之路。围绕农副产品资源、依托农村专业户、私营企业和乡镇企业，搞好农副产品的系列开发和深加工、精加工，提高农产品效益。

(6) 产品运销之路。组建农民运销队伍，扩大粮食、畜禽、林果、药材等大宗农产品的长途贩运，促进产品销售，提高经济收入。

二、农民合作社模式

中国农民专业合作社的组织类型大致可以分为三类：比较经典的合作社（A 型）、具有股份化倾向的合作社（B 型）和相对松散的专业协会（C 型）。

所谓 A 型合作社是指比较符合合作社主流原则的合作社，是一种管理比较规范、与社员联系比较紧密的合作社形式。在 A 型合作社中，社员一般交纳大致相等的股金，通常实行一人一票，主要按照社员惠顾额返还利润。A 型合作社多数在工商管理部门登记为企业法人，约占全国合作社总数的 10%。

所谓 B 型合作社是指股份制与合作制相结合的股份合作社。与 A 型合作社相比，B 型合作社与其说是一种合作化形式的制度安排，倒不如说是一种一体化的企业安排。B 型合作社通常由农业企业、基层农技服务部门、基层供销社和比较具有企业家素质的“农村精英”等出资作为股东，再吸收少量的社员股金组建成股份合作社。B 型合作社多数有相关的企业，在工商管理部门登记为企业法人。目前 B 型合作社约占全国合作社总数的 5%。

所谓 C 型合作社在中国通常被称为专业协会。它们是我国农村改革开放以来最早出现的在农民自愿基础上建立的专业服务组织，主要开展农业技术推广和技术服务。最初它们并不是真正意义上的合作经济组织，但随着其自身实力的不断增强。也逐渐涉及其他产前、产后服务，技术经济合作色彩逐渐浓重，所以，它们实际上也可被当作比较松散的农民专业合作社。多数C型合作社在民政部门登记，注册为社团组织。目前，C型合作社约占中国农民专业合作社总数的85%。C型合作社与A型、B型合作社的根本区别在于，前者是非产权结合基础上的服务联合，后者是基于产权结合的交易合作。这也正是不少人认为C型合作社（专业协会）不是合作社的原因。然而，如果我们不仅仅将合作社性质认定为企业，而是兼有社团性的特殊企业，那么，专业协会作为致力于提高农民组织化程度、增强农民整体竞争力的联合体，无疑可被视为合作社或是合作社雏形。

三、集约化经营模式

集约农业是农业中的一种经营方式。是把一定数量的劳动力和生产资料，集中投入较少的土地上，采用集约经营方式进行生产的农业。同粗放农业相对应，在一定面积的土地上投入较多的生产资料和劳动，通过应用先进的农业技术措施来增加农业品产量的农业，称“集约农业”。

集约经营的目的，是从单位面积的土地上获得更多的农产品，不断提高土地生产率和劳动生产率。由粗放经营向集约经营转化，是农业生产发展的客观规律。这与土地面积的有限性以及土壤肥力可以不断提高的特点有密切关系。集约经营的水平，取决于社会生产力的水平，并受社会制度的制约和自然地理条件、人口状况的影响。主要西方国家的农业，都经历了一个由粗放经营到集约经营的发展过程，特别是20世纪60年代以后，他们在农业现代化中，都比较普遍地实行了资金、技术密集型的集约化。然而由于各国条件不同，在实行集约化的过程中则各有侧重。有的侧重于广泛地使用机械和电力，有的侧重于选用良种、大量施用化肥、农药，并实施新的农艺技术。前者以提高（活）

劳动生产率为主，后者以提高单位面积产量为主。中国是一个人口众多的农业国。社会生产力较低，农业科学技术还不发达，长期以来，农业集约经营主要是劳动密集型的。随着国民经济的发展和科学技术的进步，中国农业的资金、技术集约经营也在发展。

集约农业具体表现为大力进行农田基本建设，发展灌溉，增施肥料，改造中低产田，采用农业新技术，推广优良品种，实行机械化作业等。集约农业的发展程度主要取决于社会生产力和科学技术的发展水平，也受自然条件、经济基础、劳动力数量和素质的影响。衡量集约农业发展水平的指标有两类。一是单项指标。如单位面积耕地或农用地平均占有的农具和机器的价值（或机器台数、机械马力数）、电费（或耗电量）、肥料费（或施肥量）、种子费（或种子量）、农药费（或施药量）及人工费（或劳动量）等。二是综合指标。如单位面积耕地或农用地平均占用生产资金额、生产成本费、生产资料费等。中国的长江三角洲、珠江三角洲和成都平原等地区均属集约农业。

中央农村工作会议提出以农业集约化经营为突破口，从解决农业生产方式这个农村最基本的问题入手，推进农村改革发展，充分体现了中央的改革创新要求，充分反映了“三农”工作的迫切需要。但一些同志对此认识不够，办法不多，信心不足。

（一）推进农村土地流转与集约化经营的必要性

1. 推进农村土地流转与集约化经营是农业持续发展的迫切需要

当前农村一家一户分散经营没规模效益，农民大量外出务工，土地由年老体弱的中老年人耕作，经营粗放，甚至还出现了撂荒现象。如此再过 5 年或 10 年，老年人种不了地，年轻一代不愿种地，也不会种地，谁来种地？这是农业持续发展面临的最严峻的问题。有人说不用担心，车到山前必有路。青海省门源县许多地方就是不种地，外面的农副产品也要卖进来。这是一种对农业缺乏研究不负责任的说法。第一，中国是农耕社会，纷繁复杂的农业技术是靠农民自我积累和传授的，一旦农业技术失传，农业生产将面临怎样的境地？第二，农业土地资源尤其是山区土地资源不同于其他资源，一旦闲置3~5年不用，恢复成耕地就非常困难。第三，农民和市民对农用土地的价值观念不同，农民视土为宝，市民视土为脏。如果土地荒了指望城里人去开发土地搞农业是绝对不现实的。中央再三要求培养新型农民，其意义不仅是现代农业的要求，更是传承农耕文化，保证农业持续发展的需要。第四，中国农业土地资源有限，中国的饭碗不能端在外国人手上，我们这些山区即使不能为国家作贡献，起码也要基本自给。同时，搞好本地农业也是降低老百姓生活成本，提高生活质量的需要。因此，必须尽快通过土地流转培养出一大批热爱农业、会经营农业的新型农民、专业大户，这是农业持续发展的迫切需要。

2. 推进土地流转与集约化经营是实现农业产业化的基础性环节

农业产业化是市场经济条件下农业的生产基地、加工销售以及科技、中介服务等环节的市场主体结成的风险共担、利益共享的利益链条。由于农村土地制度、农业发展进程以及农民素质等诸方面原因，生产基地必须有市场主体，这是一个基础性环节。多年来，我们搞农业产业化之所以收效不大，其根本原因就在于这个环节的市场主体缺位，形成了农业产业化的瓶颈性制约。自给自足的小农经济无法与市场农业接轨，只有专门从事商品农业生产的市场农业主体、专业大户等才能加盟农业产业链条。农业的方向是市场化，就目前而言，市场化的基本途径是产业化。因此，要加速产业化进程，必须加速土地流转，实施集约化经营，形成众多的市场农业主体，奠定农业产业化基础。

3. 推进土地流转与集约化经营是现代农业的客观要求

现代农业是一项复杂的系统工程，包括现代物质条件装备、现代科技、现代经营形式、新型农民、机械化、信息化等多种因素。在这诸多要素中，前提是集约化经营，主体是有知识技术、懂经营管理的新型农民。没有集约化经营，没有新型农民，现代物资装备、现代科技就无法使用，现代发展理念、现代经营形式就无法引入，土地产出率、资源利用率、劳动生产率、农业的效益和竞争力就是一句空话。

4. 推进土地流转与集约化经营是解决农村诸多问题的突破口

集约化经营是农业生产方式的根本性问题。这个问题解决了，其他问题都能迎刃而解。所谓牵一发动全局，起杠杆作用的支点，集约化就是农业的“一发”“支点”。通过集约化经营，农业增效问题，农业的自我投入问题，农民增收问题，农民的观念问题，农村基层组织建设人才问题以及农村党风廉政建设问题，包括村干部待遇问题等，都能得到较好的解决。

（二）推进农村土地流转与集约化经营的艰巨性

1. 家庭联产承包的基本政策与集约化经营的矛盾——流转集约土地难

家庭联产承包经营制度，曾极大地调动了农民的生产积极性，短短几年就解决了十几亿中国人吃饭问题，创造了世界奇迹。随着改革开放和市场经济的深入发展，分散经营的弊端逐渐显现，“分久必合”，集约化经营成为必然趋势。但是，农村土地的基本制度仍然是家庭承包，农民的素质，山区农村土地分散、不平坦等，都为集约化经营增添了难度。

2. 农业风险大、周期长、成本高的特性与集约化经营的矛盾——寻找集约化经营的主体难

农业受自然和社会环境约束力大，无论是遇天灾还是市场不畅，打击都是毁灭性的。经营大宗农产品效益低，调结构搞高效

农业一般要3~5年时间才能见效。农业风险大、周期长。加上土地、人力的较高支出费用，经营成本相对较高。

3. 山区经济发展水平低、农民小农经济意识浓与集约化经营的矛盾——优化集约化经营环境难

一方面，经济发展水平不高，导致两个问题：一是农民转移就业岗位不足，对土地的依赖性较强，土地成本比发达地方高，经营成本高；二是富裕的人少，农村富人尤为少，搞集约化缺乏资本原始积累。另一方面，农民小农经济意识浓，目光短，顾自己，顾眼前，甚至“红眼病”“望人穷”等落后观念也可能导致连片集中土地困难，经营管理环境不好，经营用工效率不高等问题。

（三）推进农村土地流转与集约化经营的可操作性

1. 推进土地流转与集约化经营有可靠依据

一是国家有政策。《中共中央关于推进改革发展若干重大问题的决定》对土地问题可以概括为6个字：稳定、流转、创新。稳定，就是稳定和完善农村基本经营制度。流转，就是按照依法自愿有偿原则，允许农民以转包、出租、互换、转让、股份合作等形式流转土地承包经营权，发展多种形式的适度规模经营。创新，就是要推进农业经营体制机制创新，加快农业经营方式转变。二是省州有要求。县上也明确指出：“允许农民以多种方式流转土地承包经营权”。三是州上明确提出了以农业集约化经营和农民向农民新村和城镇集中为突破口推进农村改革发展，对集约化经营提出了具体指标。四是农民有共识。没有规模就没有效益，已逐步成为农民的共识，随着城市经济的发展、农民工的进一步转移就业和农村集约化经营的实践，必将有更多农民愿意出租土地支持集约化经营。

2. 推进土地流转与集约化经营要有正确的思路

一是要深刻认识中央关于农村土地政策的正确性。稳定家庭

承包为基础的政策，是国家稳定大局的需要，是以人为本、重视民生的具体体现，决不能动摇。二是要坚持以引导为基本工作方式。强化引导责任，创新引导方法，完善引导举措。三是要明确基本要求。前提是强化引导，原则是自愿有偿依法，目标是土地流转，关键是处理好引导与自愿的关系。

3. 推进土地流转与集约化经营要转变工作方式

推动土地流转与集约化经营讲的是两个方面的问题。前者是对农民的工作问题，后者是对实施集约经营的业主、专业大户的工作问题。做好这两个方面工作的关键是我们的工作方式必须由原来的已经习惯的行政命令、行政管理转变到引导服务上来，如果不转变，或者转变不好，土地流转与集约化经营就搞不起来。

第一，干部的思想作风要转变。过去搞管理居高临下，群众求干部办事；现在搞引导服务必须放下身架，平等相待，甚至还要“求”农民，“求”专业大户。这不仅是工作方式转变问题，更重要的是思想作风要转变，要把过去计划经济形成的官僚主义习气消灭掉，还人民公仆的本来面目。从这个意义上讲，今后谁集约化经营搞得不好，不仅反映干部观念落后，思想保守，更反映干部思想作风上有问题。

第二，要坚持以培育专业大户为重点，实施集约化经营。要改变过去“开大会，搞发动”的做法，重点对本地能人个别做工作，让他们去搞集约化经营。在土地流转中，农民的工作主要由当地专业户自己去做，一般情况下，没有专业户的特别要求，镇乡干部不要插手。这就叫“大户带农户”。对外来的专业大户，做农民的工作也主要由村社干部去做。现在有些村社干部也开始吃拿卡要了，一要加强教育；二要落实责任，严格考核，与待遇挂钩，集约化经营搞不好的村干部也要“下课”。

第三，注重用优势产业引导集约化经营。一方面围绕区里主导产业抓引导，因地制宜，把油菜、蔬菜、青稞、饲料、养羊、养牛等养殖产业引进去；另一方面，引导农村能人广收信息发展有市场前景的特色产品。

第四，改变投入方式扶持集约化经营。产业化项目投入要重点向龙头企业和专业户倾斜；小微型农业基础设施建设项目要为集约化经营配套并尽可能让集约经营者直接实施。政府扶持农业生产的资金除上级有严格规定的外，一律扶持集约经营。

第五，综合运用政府资源推进集约经营。很多基层干部总以为乡镇没有钱，权力小，手段少，作为不大，这是计划经济的旧观念。其实，政府掌握着政治经济文化等各方面资源，关键在转变观念创新方式，用好这些资源。目前，要重点抓好以下工作。一是充分利用舆论资源，抓好宣传引导，大张旗鼓、深入浅出地宣传“集约”“集中”的好处。二是充分利用政治资源，树立典型，宣扬典型，给“集约”“集中”典型给足“面子”。三是充分利用经济资源，集中投向“集约”“集中”，发挥示范引导作用。四是充分利用信息资源，建立土地流转、经济信息、劳务信息等平台。五是充分利用政府协调资源，带领专业户、能人走出去，把龙头企业、项目引进来；深入做好农民、专业户的思想工作，促进土地流转和集约化经营。

在推进农村土地流转与集约化经营上，还要注意3个问题。一是关于集约化经营的单个规模问题。无论是种植业还是养殖业，经营规模都要适度。适度的标准主要看经营者的资本情况，要帮助“老板”算账，打足成本和必要的流动资金，切不可贪大。同时，也要有一定规模，起码要保证业主、大户有利可图，比外出打工划算。二是关于土地出租价格问题。县里不可能出统一的价格，但各乡镇要有指导价，其价格可在认真算账并广泛征求农民意见的基础上提出。三是各乡镇和涉农街道一定要调整工作思路、工作重点和工作方式，突出抓好“集约”“集中”及其相关工作，党政主要领导对“集约”“集中”各把一摊儿、分工

负责、确保抓出成效。

四、股份制经营模式

股份制是指全部注册资本由等额股份构成并通过发行股票（或股权证）筹集资本，公司以其全部资产对公司债务承担有限责任的企业法人。其主要特征是：公司的资本总额平分为金额相等的股份；股东以其所认购股份对公司承担有限责任，公司以其全部资产对公司债务承担责任；每一股有一表决权，股东以其持有的股份，享受权利，承担义务。

股份制企业是指两个或两个以上的利益主体，以集股经营的方式自愿结合的一种企业组织形式。它是适应社会化大生产和市场经济发展需要、实现所有权与经营权相对分离、利于强化企业经营管理职能的一种企业组织形式。

股份制企业的主要特征。

一是发行股票，作为股东入股的凭证，一方面借以取得股息；另一方面参与企业的经营管理。二是建立企业内部组织结构，股东代表大会是股份制企业的最高权力机构。董事会是最高权力机构的常设机构，总经理主持日常的生产经营活动。三是具有风险承担责任。股份制企业的所有权收益分散化，经营风险也随之由众多的股东共同分担。四是具有较强的动力机制，众多的股东都从利益上去关心企业资产的运行状况，从而使企业的重大决策趋于优化，使企业发展能够建立在利益机制的基础上。

股份有限公司从本质上讲只是一种特殊的有限责任公司而已。由于法律规定，有限责任公司的股东只能在50人以下，这就限制了公司筹集资金的能力。而股份有限公司则克服了这种弊端，将整个公司的注册资本分解为小面值的股票，可以吸引数目众多的投资者，特别是小型投资者。

由于股份有限公司的特点，使它在组织管理上有很多不同于有限责任公司的地方。

（1）注册资本。同样指登记的实收资本，最低限额为人民币 500 万元。

（2）权力机构。股东大会，由全体股东组成。

股东的每一股份有一表决权。值得注意的一点是公司法规定，股东大会作出决议，必须经“出席会议”的股东所持表决权的半数或者 1/2 以上通过——在中国这种情况下。大量以投机为目的的股民根本不关心企业具体经营情况，更不要说自己出钱去参加股东大会，这样就为大股东操纵表决创造了条件；另一点区别是，股份有限公司的股东可以自由转让股份，不需要经过其他人同意。

（3）董事会和经理。这里和有限责任公司基本相同：董事长是公司的法人代表，经理负责公司的经营管理工作；同时，董事应当对董事会的决议承担责任。董事会的决议违反法律、行政法规或者公司章程，致使公司遭受严重损失的，参与决议的董事对公司负赔偿责任。

第二节　创业项目的选择

现代农业能够有效地提高农业综合生产能力，增强种养业的竞争力，促进农村经济发展，快速增加农民收入。通常，现代农业创业项目有许多种类可以选择，归纳起来，主要有以下几方面的项目。

一、规模种植项目

随着我国现代农业的快速发展，家庭联产承包经营与农村生产力发展水平不相适应的矛盾日益突出，农户超小规模经营与现代农业集约化生产之间的不相适应越来越明显。我国农户土地规

模小，农民经营分散、组织化程度低、抵御自然和市场风险的能力较弱，很难设想，在以一家一户的小农经济的基础上，能建立起现代化的农业，并实现较高的劳动生产率和商品率。规模种植业便于集中有限的财力、人力、技术、设备，形成规模优势，提高综合竞争力。因此，打破田埂的束缚，让一家一户的小块土地通过有效流转连成一片，实施机械化耕作，进行规模化生产，既是必要的，也是可能的。这也成为农业创业的重要选择项目。

适合规模种植业创业的条件：一是有从事规模种植业的大面积土地，土地条件要便于规模化生产和机械化耕作；二是有大宗农副产品的销售市场；三是当地农民有某种作物的传统种植经验。

二、规模养殖项目

2010年中央1号文件明确提出，国家在畜牧业发展方面重点支持建设生猪、奶牛规模养殖场（小区），开展标准化创建活动，推进畜禽养殖加工一体化。标准化规模养殖是今后一个时期的重点发展方向。也就是说，规模养殖业已经成为养殖业创业类型中的必然选择。近几年不断出现的畜禽产品质量安全问题，促使国家更加重视规模养殖业的发展。只有规模养殖业才能从饲料、生产、加工、销售等环节控制畜禽产品的质量，国家积极推进建立的各类畜禽产品质量安全追溯体系适合于规模养殖业。在这样的政策背景下，选择规模养殖业创业项目不失为一个明智的选择。规模养殖业是技术水平要求较高的行业，如果选择规模养殖业为创业项目，一定要注意认真学习养殖和防疫技术，万不可想当然、靠直觉，要多听专家的意见，或者聘请懂技术的专业人员。

适合规模养殖业创业的条件：一是当地的气候、水文等自然条件要适宜，周围不能有工业或农业污染，交通要便利，地势较高；二是发展规模养殖所用土地要能够正常流转；三是畜禽产生的粪污要有科学合理的处理渠道；四是繁育孵化、喂饲、饮水、清粪、防疫、环境控制等设施设备要齐备。

三、设施农业项目

设施农业是指在不适宜生物生长发育的环境条件下，通过建立结构设施，在充分利用自然环境条件的基础上，人为地创造生物生长发育的生境条件，实现高产、优质、高效的现代化农业生产方式。随着社会经济和科学技术的发展，传统农业产业正经历着翻天覆地的变化，由简易塑料大棚和温室发展到具有人工环境控制设施的自动化、机械化程度极高的现代化大型温室和植物工厂。当前，设施农业已经成为现代农业的主要产业形态，是现代农业的重要标志。设施农业主要包括设施栽培和设施养殖。

1. 设施栽培项目

目前主要是蔬菜、花卉、瓜果类的设施栽培，设施栽培技术不断提高发展，新品种、新技术及农业技术人才的投入提高了设施栽培的科技含量。现已研制开发出高保温、高透光、流滴、防雾、转光等功能性棚膜及多功能复合膜和温室专用薄膜，便于机械化卷帘的轻质保温被逐渐取代了沉重的草帘，也已培育出一批适于设施栽培的耐高温、弱光、抗逆性强的设施专用品种，提高了劳动生产率，使栽培作物的产量和质量得以提高。下面是主要设施栽培装备类型及其应用简介。

（1）小拱棚。小拱棚主要有拱圆形、半拱圆形和双斜面形三种类型。小拱棚主要应用于春提早、秋延后或越冬栽培耐寒蔬菜，如芹菜、青蒜、小白菜、油菜、香菜、菠菜、甘蓝等；春提早的果菜类蔬菜，主要有黄瓜、番茄、青椒、茄子、西葫芦等；春提早栽培瓜果的主要栽培作物为西瓜、草莓、甜瓜等。

（2）中拱棚。中拱棚的面积和空间比小拱棚稍大，人可在

棚内直立操作，是小棚和大棚的中间类型。常用的中拱棚主要为拱圆形结构，一般用竹木或钢筋做骨架，棚中设立柱。主要应用于春早熟或秋延后生产的绿叶菜类、果菜类蔬菜及草莓和瓜果等，也可用于菜种和花卉栽培。

（3）塑料大棚。塑料大棚是用塑料薄膜覆盖的一种大型拱棚。它和温室相比，具有结构简单，建造和拆装方便，一次性投资少等优点；与中小棚比，又具有坚固耐用，使用寿命长，棚体高大，空间大，必要时可安装加温、灌水等装置，便于环境调控等优点。塑料大棚主要应用于果菜类蔬菜、各种花草及草莓、葡萄、樱桃等作物的育苗；春茬早熟栽培，一般果菜类蔬菜可比露地提早上市20~30天，主要作物有黄瓜、番茄、青椒、茄子、菜豆等；秋季延后栽培，一般果菜类蔬菜采收期可比露地延后上市20~30天，主要作物有黄瓜、番茄、菜豆等；也可进行各种花草、盆花和切花栽培，草莓、葡萄、樱桃、柑橘、桃等果树栽培。

（4）现代化大型温室。现代化大型温室具备结构合理、设备完善、性能良好、控制手段先进等特点，可实现作物生产的机械化、科学化、标准化、自动化，是一种比较完善和科学的温室。这类温室可创造作物生育的最适环境条件，能使作物高产优质。主要应用于园艺作物生产上，特别是价值高的作物生产上，如蔬菜、切花、盆栽观赏植物、园林设计用的观赏树木和草坪植物以及育苗等。

2. 设施养殖项目

目前主要是畜禽、水产品和特种动物的设施养殖。近年来，设施养殖正在逐渐兴起。下面是设施养殖装备类型及其应用简介。

（1）设施养猪装备。常用的主要设备有猪栏、喂饲设备、饮水设备、粪便清理设备及环境控制设备等。这些设备的合理性、配套性对猪场的生产管理和经济效益有很大的影响。由于各地实际情况和环境气候等不同，对设备的规格、型号、选材等要求也有所不同，在使用过程中需根据实际情况进行确定。

（2）设施养牛装备。主要有各类牛舍、遮阳棚舍、环境控制、饲养过程的机械化设备等，这些技术装备可以配套使用，也可单项使用。

（3）设施养禽装备。现代养禽设备是用现代劳动手段和现代科学技术来装备的，在养禽特别是养鸡的各个生产环节中使用，各种设施实现自动化或机械化，可不断地提高禽蛋、禽肉的产品率和商品率，达到养禽稳定、高产优质、低成本，以满足社会对禽蛋、禽肉日益增长的需要。设施养禽主要有以下几种装备：孵化设备、育雏设备、喂料设备、饮水设备、笼养设施、清粪设备、通风设备、湿热降温系统、热风炉供暖系统等。

（4）设施水产养殖装备。设施水产养殖主要分为两大类：一是网箱养殖，包括河道网箱养殖、水库网箱养殖、湖泊网箱养殖、池塘网箱养殖；二是工厂化养鱼，包括机械式流水养鱼、开放式自然净化循环水养鱼、组装式封闭循环水养鱼、温泉地热水流水养鱼、工厂废热水流水养鱼等。

目前，设施农业的发展以超时令、反季节生产的设施栽培生产为主，它具有高附加值、高效益、高科技含量的特点，发展十分迅速。随着社会的进步和科学的发展，我国设施农业的发展将向着地域化、节能化、专业化发展，由传统的作坊式生产向高科技、自动化、机械化、规模化、产业化的工厂型农业发展，为社会提供更加丰富的无污染、安全、优质的绿色健康食品。

四、休闲观光农业项目

休闲观光农业是一种以农业和农村为载体的新型生态旅游业，是把农业与旅游业结合在一起，利用农业景观和农村空间吸

引游客前来观赏、游览、品尝、休闲、体验、购物的一种新型农业经营形态。休闲观光农业主要有观光农园、农业公园、教育农园、森林公园、民俗观光村等 5 种形式。

现代农业不仅具有生产性功能，还具有改善生态环境质量，为人们提供观光、休闲、度假的生活性功能。也就是说，农业生产不仅要满足“胃”，还要满足“心”，满足“肺”。随着人们收入的增加以及闲暇时间的增多，人们渴望多样化的旅游，尤其希望能在广阔的农村环境中放松自己。休闲观光农业的发展，不仅可以丰富城乡人民的精神生活，优化投资环境，而且能实现农业生态、经济和社会效益的有机统一。

休闲观光农业创业要具备以下条件：一是当地要有值得拓展的旅游空间，休闲观光创业项目要有自己的特点，不能完全雷同；二是农业旅游项目要能够满足人们回归大自然的愿望，软硬件设施要能够满足游客的需要；三是周围要有休闲观光消费的群体，消费群体要有一定的消费能力；四是休闲观光项目要能够增加农业生产的附加值，要能配套开发出相应的旅游产品。

五、农产品加工项目

农产品加工业有传统农产品加工业和现代农产品加工业两种形式。传统农产品加工业是指对农产品进行一次性的不涉及对农产品内在成分改变的加工，也是通常所说的农产品初加工。现代农产品加工业是指用物理、化学等方法对农产品进行处理，改变其形态和性能，使之更加适合消费需要的工业生产活动。依托现代农产品加工业实现创业成功的例子不胜枚举，是否也可以依靠当地农产品资源进行现代农产品加工创业呢？创业之初，完全可以把规模放缩一点，充分考虑市场风险，随着技术和市场的不断成熟再不断改进加工工艺并扩大规模，最终实现创业成功。

农产品加工业创业应有的条件：一是产品要有丰富的市场需

求；二是加工原料要有充足的来源；三是要有能赢得良好口碑的产品。

六、农业社会化服务项目

农业社会化服务业是指以现代科技为基础，利用设备、工具、场所、信息或技能为农业生产提供服务的经营活动。农业社会化服务业作为现代农业的重要组成部分，在拓展农业外部功能、提升农业产业地位、拓宽农民增收渠道等方面都发挥着积极作用。如果要选择农业社会化服务业为创业项目，必须认真思考自己周围是否具有服务对象。假如周围有很多人从事规模养殖业，就可以考虑从事相关的养殖设备、兽药或饲料的销售服务。如果周围有很多人从事设施园艺业，就可以考虑从事园艺设备如农膜、穴盘和化肥、农药等的销售服务。总之，农业社会化服务业创业项目成功的关键在于根据服务对象选择合适的服务项目。

【案例】

立足田野的“抱团出海”

“蔬菜终于长出来了，现在放心了。村里人原先说‘这里是黏土，种不出蔬菜’。”看着大棚里的番茄、茄子、青椒已经成熟，江苏省扬州仪征陈集镇红星村主任助理杨星星不停地拨打镇上和扬州等地批发户的电话。这个学财务管理的大学生村官，2010 年 7 月牵头带领其他 6 名村官，投资 45 万元上马一个占地 55 亩的现代农业生态园，其中，他个人贷款 10 万元，镇政府借资 10 万元，各级财政补贴了 12 万元。

目前仪征大学生村官实施的 29 个创业项目中，蘑菇、苗木种植、蔬菜大棚、肉鸽养殖、肉兔饲养等高效农业项目居多。尽管当地不少农村都属丘陵地带，农民们长期以来却仍习惯种植水稻、小麦等传统农作物。村官们的这些高效农业项目，具有带动

性和挑战性。

“全镇还没有搞大棚的，我们这次创业也算带头吧。2014年年底收了近5 000千克蔬菜，扣除人员工资及种子肥料开支，虽没赚到钱，但估计从2015年6月开始，我们的蔬菜、水果陆续上市，就能进入正常经营了。”杨星星没种过田，但是，他们创业团队中有熟悉农业的人才，这让大家对成功有了信心。

杨星星等村官们抱团创业，受到当地不少大学生村官竞相效仿。在实地采访中了解到，在新城镇，张蕾等5名村官合伙投资了一个绿篱蔬菜项目；在铜山办事处，李海波等5名村官则联合搞了一个紫薯种植项目。这些抱团创业项目，参与者最少的仅需出资三五千元。

第六章　创业机会

第一节　创业机会的识别与捕捉

随着经济全球化的进程逐渐加快，企业面临着更加动态多变的外部环境，也面临着日趋严峻的竞争态势。在复杂、动态的环境中，各种创新和创业活动已经成为企业生存和发展的必要条件，但创新和创业活动绝不是凭空进行的，需要具备一定的条件。除了对外部环境的适应性需求外，还需要拥有创业机会。

一、创业机会的概念及特征

1. 创业机会的概念

创业机会，是指在市场经济条件下，在社会的经济活动过程中形成和产生的一种有利于企业经营成功的因素，是一种带有偶然性并能被经营者认识和利用的契机。它是有吸力的、较持久的和适时的一种商务活动空间，并最终表现在能够为消费者或客户创造价值或增加价值的产品或服务中，同时，能为创业者带来回报或实现创业目的。

2. 创业机会的特征

有的创业者认为自己有很好的想法和点子，对创业充满信心。有想法有点子固然重要，但是并不是每个大胆的想法和新异的点子都能转化为创业的机会。许多创业者因为仅仅凭想法去创业而失败了。创业机会有以下 3 个特征。

（1）普遍性。凡是有市场、有经营的地方，客观上就存在着创业机会。创业机会普遍存在于各种经营活动过程之中。

（2）偶然性。对一个企业来说，创业机会的发现和捕捉带有很大的不确定性，任何创业机会的产生都有“意外”因素。

（3）消逝性。创业机会存在于一定的时空范围之内，随着产生创业机会的客观条件的变化，创业机会就会相应消逝和流失。

3. 创业机会的四大来源

（1）问题的存在。创业的根本目的是满足顾客需求，而顾客需求在没有满足前就是问题。寻找创业机会的一个重要途径是善于去发现和体会自己及他人在需求方面的问题或生活中的难处。例如，上海市有一位大学毕业生发现远在郊区的本校师生往返市区的交通十分不便，便创办了一家客运公司。这就是把问题转化为创业机会的成功案例。

（2）不断变化的环境。创业的机会大都产生于不断变化的市场环境，环境变化了，市场需求、市场结构必然发生变化。著名管理大师彼得·德鲁克将创业者定义为那些能“寻找变化，并积极反应，把它当做机会充分利用起来的人”。这种变化主要来自产业结构的变动、消费结构升级、城市化加速、人口思想观念的变化、政府政策的变化、人口结构的变化、居民收入水平提高、全球化趋势等诸多方面。如居民收入水平提高，私人轿车的拥有量将不断增加，就会派生出汽车销售、修理、配件、清洁、装潢、二手车交易、陪驾等诸多创业机会。

（3）创造发明。创造发明提供了新产品、新服务，能更好地满足顾客需求，同时，也带来了创业机会。例如，随着电脑的诞生，电脑维修、软件开发、电脑操作的培训、图文制作、信息服务、网上开店等创业机会随之而来，即使你不发明新的东西，你也能成为销售和推广新产品的人，从而给你带来商机。

（4）竞争。如果你能弥补竞争对手的缺陷和不足，这也将成为你的创业机会。看看你周围的公司，你能比他们更快、更可靠、更便宜地提供产品或服务吗？你能做得更好吗？若能，你也许就找到了机会。

二、创业机会的识别

我们正处在一个充满机会的年代。机会是一个神圣的因素，就像夜空中偶尔飞过的流星，虽然只有瞬间的光辉，但却照亮了漫长的创业历程。机会对于所有的创业者都是均等的，每个创业者都不缺少机会。不同的是，有的人在机会到来时紧紧抓住了它，创出了一番事业；有的人面对机会却无动于衷，错失良机。如何识别创业机会，是创业者首先要解决的问题。

1. 创业机会信息的收集

创业机会信息的收集是使创意变为现实的创业机会的基础工作。

（1）根据创意明确研究的目的或目标。例如，创业者可能会认为他们的产品或服务存在一个市场，但他们不能确信产品或服务如果以某种形式出现，谁将是顾客？这样，研究的一个目标便是向人们询问他们如何看待该产品或服务，是否愿意购买，了解有关人口统计的背景资料和消费者个人的态度。当然，还有其他目标，如了解有多少潜在顾客愿意购买该产品或服务，潜在的顾客愿意在哪里购买，以及预期会在哪里听说或了解该产品或服务等。

（2）从已有数据或第一手资料中搜集信息。这些信息主要来自商贸杂志、图书馆、政府机构、大学或专门的咨询机构以及互联网等。一般可以找到一些关于行业、竞争者、偏好趋向、产品创新等方面的信息。该种信息的获得一般是免费的，或者成本较低。

（3）从第一手资料中搜集信息。包括一个数据搜集过程，如观察、访谈、集中小组试验以及问卷等。该种信息的获得一般

来说成本比较高，但却能够获得有意义的信息，可以更好地识别创业机会。

2. 创业机会的发现

投资创业要善于抓住好的机会，把握住了每个稍纵即逝的投资创业机会，就等于成功了一半。发现创业机会的方法，具体表现在以下几个方面。

（1）变化就是机会。环境的变化会给各行各业带来良机，人们透过这些变化，就会发现新的前景。变化可以包括产业结构的变化、科技进步、通信革新、政府放松管制、经济信息化和服务化、价值观与生活形态变化、人口结构变化等。

（2）从“低科技”中把握机会。随着科技的发展，开发高科技领域是时下热门的课题，但机会并不只属于高科技领域，在运输、金融、保健、饮食、流通这些低科技领域也有机会，关键在于开发。

（3）集中盯住某些顾客的需要就会有机会。机会不能从全部顾客身上去找，因为共同需要容易认识，基本上已很难再找到突破口，而实际上每个人的需求都是有差异的，如果我们时常关注某些人的日常生活和工作，就会从中发现某些机会。因此，在寻找机会时，应习惯把顾客分类，认真研究各类人员的需求特点。

（4）追求“负面”就会找到机会。追求“负面”，就是着眼于那些大家“苦恼的事”和“困扰的事”。因为是苦恼、是困扰，人们总是迫切希望解决，如果能提供解决的办法，实际上就是找到了机会。

3. 创业机会的时机判断

创业机会存在于或产生于现实的时间之中。一个好的机会是诱人的、持久的、适时的，它被固化在一种产品或服务中，这种产品或服务为它的买主或最终用户创造或增加了价值。在创业的过程中可能存在这样的问题：如果真的有一个经营机会，是否有抓住这个机会的足够时间呢？这取决于技术的动作和竞争对手的动向等因素，所以说，一个市场机会通常也是一个不断移动的目标，因此，在此意义上，存在着一个“机会窗口”。所谓机会窗口，就是指市场存在的发展空间有一定的时间长度，使创业者能够在这一时段中创立自己的企业，并获得相应的盈利与投资回报。

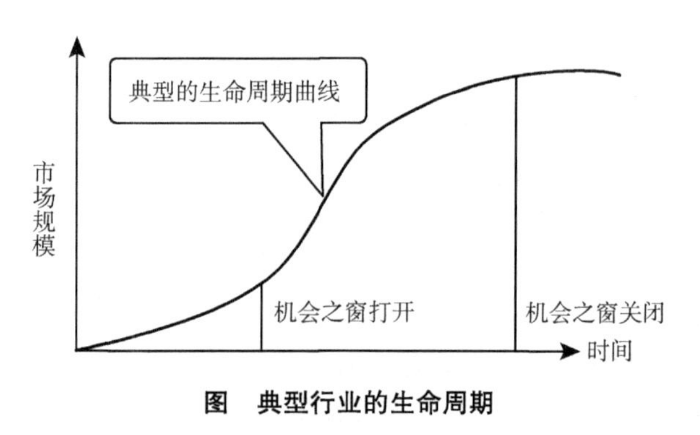

图　典型行业的生命周期

上图描述的是典型行业的生命周期，曲线的坡度平缓，商机出现的概率则要小一些。一般来说，市场随着时间的变化以不同的速度增长，并且随着市场的迅速扩大，往往会出现越来越多的机会。但当市场变得更大并稳定下来时，市场条件就不那么有利了。因此，在市场扩展到足够大的程度、形成一定结构时，机会窗口就打开了；而当市场成熟了之后，机会窗口就开始关闭。

【案例】

“互联网+农业”的成功

毛坪村，地处沂蒙山区的小村庄，家家户户都以种植水果为生，从20世纪80年代就开始发展苹果种植业，现在，这个有

400 多户人家的小山村，苹果种植面积已达 4 000 多亩，几乎家家种苹果，年产量 1 750 万千克。但是，由于地理位置、物流等问题，毛坪的苹果处在深闺无人知。

2016 年 6 月，26 岁的赵西胜从上海回到山东省老家，当起了毛坪村电子商务服务站的负责人。他的主要职责就是通过互联网的手段，帮助乡亲们把家乡的优质农产品卖出大山去。赵西胜和 3 个小伙伴一起，将村口一个荒置了 7 年的大院改造成了电商服务站，在这里他们为村民们提供收发快递、产品代销、网上开店培训等服务。为了推销家乡的农产品，赵西胜和小伙伴们在淘宝网上注册了网店，还请专人来做美工和店面装潢，另外，他们还动用在城里积攒的人脉，建立了五六个卖水果的微信群，开张 3 个月，仅仅是代销这一块，销售额就达到了 80 万元。受市场大环境影响，当年苹果收购价格普遍下跌，但赵西胜的收购价不但没降，还比中间商高出好几毛钱，很多村民都争相给他送货。除了代销这条路子，赵西胜的服务站还提供网上开店培训服务。吴正贵种苹果已有近 20 年，在赵西胜的带动下，他第一次尝试通过网络卖苹果。只要有订单，村民们随时可以来服务站免费领取纸箱。2016 年冬天，吴正贵和一个外地的老战友取得了联系，通过微信朋友圈，短短两个月时间就卖出了 300 箱苹果，刨去成本，多赚了 1 500 元。如今在毛坪村，像吴正贵这样自己建立起网络销售渠道的有近 30 人。

作为村里电子商务服务站的负责人，赵西胜时常挨家挨户跑，给他们提供指导。地处山区的毛坪村距离最近的乡镇快递站点也要 20 多分钟车程。镇上的站点承包给个人，人手紧张，快递员不愿花上近一小时的时间来取件。赵西胜的服务站便自动成为了村里的快递投递点，装箱打包、收发快递，就连村民们日常生活需要邮寄的包裹都一并包揽。不仅如此，赵西胜还发动了在北京上学并工作的同学资源，动员她通过在外面的朋友圈子，用网络帮村里卖苹果。村里的苹果通过网络销往全国，并且卖到了好价钱。

2016 年圣诞节，22 岁的王凯第一次小试牛刀，不到一周，卖出了 100 多个苹果，比普通苹果多赚 600 余元。王凯的苹果为什么能卖出天价呢？原来，只要贴个膜，普普通通的一枚红富士就变身成了“平安果”，身价也扶摇直上翻两番。其实，这个平安果的点子，也是赵西胜他们率先提出来的，主要是为了联合村里的年轻人，做一些有新意的东西出来，将毛坪村的苹果逐渐做成一个品牌，朝着农业订制的方向发展。

落后的小山村，正在赵西胜的带动和帮助下，享受互联网带来的福利，村里的农产品正在通过网络销售走出大山。

4. 创业机会的把握

创业者不仅要善于发现机会，更需要正确把握并果敢行动，将机会变成现实的结果，这样才有可能在最恰当的时候出击，获得成功。把握创业机会，应注意以下几点。

（1）着眼于问题把握机会。机会并不意味着无须代价就能获得，许多成功的企业都是从解决问题起步的。问题，就是现实与理想的差距，顾客需求在没有满足之前就是问题，而设法满足这一需求，就抓住了市场机会。

（2）利用变化把握机会。变化中常常蕴藏着无限商机，许多创业机会产生于不断变化的市场环境。环境变化将带来产业结构的调整、消费结构的升级、思想观念的转变、政府政策的变化、居民收入水平的提高。人们透过这些变化，就会发现新的机会。

（3）跟踪技术创新把握机会。世界产业发展的历史告诉我们，几乎每一次新兴产业的形成和发展都是技术创新的结果。产业的变更或产品的替代既满足了顾客需求，同时，也带来了前所未有的创业机会。

（4）在市场夹缝中把握机会。创业机会存在于为顾客创造价值的产品或服务中，而顾客的需求是有差异的。创业者要善于找出顾客的特殊需要，盯住顾客的个性需要并认真研究其需求特征，这样就可能发现和把握商机。

（5）捕捉政策变化把握机会。中国市场受政策影响很大，新政策出台往往引发新商机，如果创业者善于研究和利用政策，就能抓住商机，站在潮头。

（6）弥补对手缺陷把握机会。很多创业机会是缘于竞争对手的失误而“意外”获得的，如果能及时抓住竞争对手策略中的漏洞而大做文章，或者能比竞争对手更快、更可靠、更便宜地提供产品或服务，也许就找到了机会。

第二节　创业机会的评估与选择

并不是所有的创业机会都具有价值，好的创业机会就像珍珠，是非常难得的。对于创业机会的选择需要认真地分析和评价，可以借用平常对创业投资项目的分析和评价方法来进行。一般来讲，绝大部分创业投资公司在对项目进行投资决策之前都要经过快速筛选、项目初审、审慎调查以及达成协议等几个过程，这些程序同样也适用于对创业机会的分析和评价。对创业机会进行评价的具体内容可以分为以下几方面。

一、对创业团队进行自我审视和评估

创业管理团队是企业创立和发展最关键的资源，也是吸引投资家投资的最重要因素。如果创业团队缺乏必要的素质，那么即使项目科技含量再高，市场前景再好，还是无法给投资者以信心。创业团队是投资家在进行创业投资项目评估时极为看重的要素之一，因此，创业团队应站在投资家的角度对自我进行审视和

评价，看是否符合投资家选择战略伙伴的条件和要求。那么如何对创业团队进行评价呢？

（1）引入心理和能力测评系统，用来分析创业管理者的心理素质和基本能力，以便能识别、管理、控制、分散创业投资项目中最大的风险，即人的风险。

（2）审视创业者自身的背景、经历、品德、心理、道德、志向等综合素质，试想自己是风险投资家，能否对这样的创业者放心和满意。通常情况下，大多数投资公司对创业团队的评估，一般都是从管理模式和主要管理者个人两个方面来进行的，而且多以定性评估为主，以一些定量数据作为辅助性补充。

（3）对创业团队的财务状况进行调查与评估同样重要。

二、对市场因素的调查与评估

只有当市场（即消费者或客户）认可创业企业的产品或服务时，创业企业才可能生存并发展。

1. 对市场结构的调查与评估

每一市场都有一定的市场结构，市场结构的特征主要由以下因素所决定：销售者的数目、销售者的规模结构、产品的差别化、进入和退出市场的障碍、购买者的数目、市场需求对价格变化的敏感程度。

2. 对市场规模的调查与评估

如果一个新企业进入的是一个市场规模巨大而且还在发展中的市场，那么在这个市场上占有一个较大的份额就可以拥有相当大的销售量。

如果一个创业企业在未来能够占有20%的市场份额，表明这个企业的潜力是巨大的，因为在创业企业首次公开上市或出售时，较高的市场份额将会使企业具有较大的吸引力，进而创造出非常高的市场价值，否则，该企业的市场价值可能比其账面价值

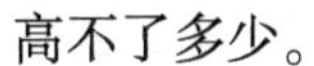

高不了多少。

3. 对成本结构的调查与评估

低成本的企业对投资家是有一定吸引力的。低成本可能来源于行业中存在的规模经济，对于刚刚创业的企业来说，要在起步阶段就利用规模经济来实现低成本恐怕是勉为其难的，但低成本也可以来源于销售和管理，这大概是创业企业的希望所在。对于创业投资家来说，如果市场中只有少量产品出售而且产品单位成本都很高时，那么，销售和管理成本较低的公司就可能具有较大的吸引力，从而得到创业投资家的青睐。

4. 产品技术的调查与评估

创业企业的产品能否被市场所接受，能否在激烈的市场竞争中长久地占有优势地位以获取高额的利润，都与该新创企业的产品和技术是否具有先进性、独特性有关。所以，对产品技术的评估也是创业投资家进行项目评估的一个重要指标。

对技术先进性的调查与评估是保证创业企业产品获得高收益的必要条件。技术的先进性是指项目的设备、工艺、产品等与技术相关的要素在同一技术序列中的地位，评估时应重点考察其是否会在短期内被某种同类工艺、新设备或新产品所取代，导致创业投资项目失败。在实际评估过程中，投资家会要求创业投资项目尽量多地采用新技术、先进工艺、节能设备以提高项目的技术装备水平。具体地说，就是要求技术设计方案先进、生产工艺先进、设备先进、技术基础参数先进。当然，由于不同的行业有不同的特点，其评价技术水平先进性的指标也就不同。所以，在评估时一般要区分行业来选择适用的指标，分行业衡量创业投资项目技术的先进性。

对技术实用性的调查与评估就是要求创业企业所采用的技术必须适应其特定的技术和经济条件，可以很快被企业消化，也可以很快投产，并取得良好的经济效益。讲求技术实用性就是要实事求是、因地制宜、量力而行和注重实效，适应当时、当地的具体情况，而不能片面地追求技术上的先进性。创业投资家看待一项产品或技术，不是单纯看它有多先进，而是要判断该技术离产品化、市场化、产业化有多远。在对创业投资项目技术实用性进行评价时，应重点从以下方面来把握。

（1）考虑新技术和新产品之间的差别。

（2）考虑高成长性、高技术的产品与社会生产力相适应的程度。

由于创业投资一般要等到企业的产品和市场发展成熟的时候退出，而一个市场的成熟又要受到社会生产力发展水平的限制，所以，创业投资家在评价技术的实用性时，一定要考虑该项技术与社会生产力发展水平的适应程度。

对创业企业来说，对技术门槛和技术延续性的调查与评估不仅需要具有一开始就取得高收益的能力，而且更重要的是要具有排除竞争、构建高技术门槛以及应付因高利润而导致的激烈竞争的能力。

5. 对风险因素的分析与评估

创业投资的特点就是高风险，因此，创业投资家在筛选和评估创业投资项目时，还要考虑该项目在成长过程中各个环节存在的风险，并根据自己的经验，对各种不同的风险进行分析与评估，进而作出决策。这要从对风险的识别、测定、防范 3 个层次来进行。

（1）识别风险。所谓识别风险就是一种损失的确定性。不同的创业投资项目根据项目本身的特性不同有着不同的风险，但是对大多数项目而言，它们都存在着以下 4 种风险。

①技术风险：它是指由于技术迅速进步，新技术的出现使原有的技术面临贬值或淘汰的风险。也有另一种情况是，技术在转化过程中，由于配套的材料、生产工艺上的问题使产品质量不过

关，从而带来的风险。

②市场风险：它是指市场上存在着盈利和亏损的可能性和不确定性。市场是变幻莫测的，它隐藏着许多不确定性因素，如当新产品上市时，由于消费还没有达到一定程度，往往容易造成销售不畅、产品积压。当消费者开始接受这种产品时，又有可能出现供不应求的局面，或出现供大于求，引起行业内的恶性竞争。这些都是市场所引起的风险。

③管理风险：它是指在企业经营过程中，由于受到政策、法律、利率等外部环境的影响以及企业管理阶层自身管理水平的限制，使企业在经营中存在着许多风险，如人事大变动造成的人才流失和利益风险。

④财务风险：它是指当企业采取借贷方式融资时，企业的负债比例增大，到期还不了贷款的财务风险也增大；或由于各种因素的影响，企业发展的后续资金缺乏，使企业发展受阻，面临不进则退的危险。

（2）测定风险。对风险的测定主要有定性分析和定量分析两种方法。定性分析的方法主要有主观判定、头脑风暴法、评分分析法。用定量分析对单个项目进行风险测定时，一般采取收益的方差和标准差来测定风险，这对于测定预期收益率相同的各项目的风险程度是十分有效的。

（3）防范风险。在评价风险的过程中，创业投资家应依据以下原则对风险进行防范。

①不选择具有两个以上风险的项目；

②选择可以接受的风险和可控制的风险；

③尽量选择低风险高收益的项目；

④在投资时选择组合投资，以分散风险。为了防范风险，还需要对项目进行全程风险管理，随时或定期对项目进行评估，建立财务预警系统，以便及时发现问题、解决问题，同时，建立完

善应急措施。

6. 对退出机会的考察与评估

由于对投资家来说，投资变现才是最终目标，因此，在进行创业投资项目评估时还应该对资本的变现能力，即可能的退出机会进行评价。创业投资由于投资对象和投资方式的不同，变现能力也不同。如对上市公司的投资的变现能力较强，而对非上市公司的投资的变现能力就较弱。另外，有的企业在融资时就明确表示在未来的一定时间以一定的价格回购企业，这对创业投资公司来说是较具吸引力的，因而其资本退出的机会更大。另外，在评价退出机会时，我们还要考虑时间的概念，创业投资的资金滞留在创业企业的时间越长，其缩水的可能性就越大。一般来说，创业投资要在 3 年后退出，最长时间也不能超过 5 年，否则，就几乎没有利润可谈。对退出机会的考察与评价最重要的就是考察资本的退出通道是否顺畅，如果这种障碍存在甚至障碍重重，那么创业投资公司就可能会避而远之。

【案例】

梅子淘源的由来——对创业机会的把握

“作为阿里的员工，应该要承担多一些的社会责任，让水更清，天更蓝，粮食食品更安全。”2013 年 5 月，马云在淘宝 15 年的庆典上的这段演讲触动了王梅的心，更坚定了她离职创业的决心。

在那之前，王梅做了一次体检，体检报告表明她的身体多项指标不正常，医生告诫她要注意饮食，少吃加工食品。此时的王梅已在阿里巴巴工作了 9 年，被城市繁重的工作和污染的环境折磨着，她常幻想能离开城市，回归田园，既可以锻炼身体还可以吃到健康天然的食品，一举两得。

把握机会，就得敢于挑战，果断迈出第一步。经熟人介绍，

王梅去了广西的一个农场做考察，1 500 亩的农场，全是绿色蔬菜。可王梅怎么也没想到，这样的蔬菜居然找不到销路。她突然意识到，绿色安全的食品确实应该有存在一块市场，这需要让更多对它们有需求的人看到。

由此，王梅在最初种地的想法转了一个弯。恰巧，王梅在广西当地认识了一位 20 世纪 60 年代的老县委书记，他向王梅推荐了广西的橙子。在橙园里，满园的清新让王梅甚感沉醉，橙子呈绿色，还未成熟，王梅试吃后却发现比超市里卖的成熟橙子还好吃。当时橙子买卖走的还是传统路线，在王梅与橙园主人的商议下，王梅定了一批橙子在网上出售，通过淘宝下单，把订单给了橙园的主人。期间，王梅在朋友圈对橙子进行了宣传，包括如何种树、如何施肥、如何防虫，甚至连果园里的鸡、鸭、鹅，她都做了详细分享。就这样，橙园 1/6 的橙子都被下了订单。

橙园的经验，让王梅觉得农产品需要用户和平台，而真实透明是一种力量，能够让用户更加了解产品，促成生产者与用户之间的信任；另外，预售的模式，可以让用户买到最新鲜的产品。通过互联网运输的方式把健康食品带给大家，让消费者与生产者产生关联，这样的概念在王梅的意识中形成。此后的王梅不断寻找发现各类食品，找寻健康食品的源头，再为原产地的风土人情做一个分享，于是就有了如今的“梅子淘源”。

第七章 创业资金

第一节 创业资金的估算

准备启动资金是创业的关键环节。启动资金究竟需要多少，在创业项目实施前，要对其进行一次估算。只有经过认真的估算，才能做到心中有数，保证创业活动的顺利开展。对职业农民创业者来说，创业资金的估算主要包括资产费用、周转资金和风险资金 3 个方面的估算。

一、资产费用的估算

农民创业者应根据创业项目的产品或服务对象、建设规模、工艺水平、技术要求、营销策略、主要销售方式和营销渠道等，对项目投入可能需要的资产费用进行估算。资产费用估算，一般包括拆迁征地补偿、土建工程、设备购置、安装费用及其他配套工程或附属工程费用，生产前的技术、管理人员培训，各种资本支出和流动资产投入，项目在运营期内的各种运营费用、维护费用的预测等。

估算时如果低估了资金需求，在开始有收益前，可能就已经用光了运营资金；如果高估了资金需求，又可能无法筹集到足够的资金而影响项目的启动，即使筹集资金到位，也会增加利息支出，提高了创业的生产经营成本。因此，创业者在估算创业资金时，一定要控制在合理的范围内，不能只为利益所诱惑，而不计

成本的投入。只有这样，农民创业才能由小到大、由弱变强，健康成长。

二、周转资金的估算

周转资金也称为流动资金，是创业项目在运转过程中所需要支付的资金。创业项目一般要在运转一段时间后才能有收入，所以，运行一个项目，要准备能支付三四个月的经营周转资金，包括人员工资、差旅费、办公费、材料费、广告费、维修费、水电气费、清洁环保费、税费以及分期偿还的借款等。如果是创办农产品加工厂，除了以上的一些费用外，还要对占压在半成品、产成品、原材料等上面的资金进行估算。还要预留一定的突发事件处理金，以解决企业在生产经营中发生的不可预见问题。

三、风险资金的估算

在激烈的市场竞争中，创业者某一方面或某个环节在运行中出现问题都有可能使风险转变为损失，导致企业陷入困境甚至破产。企业财务风险主要来源于筹资风险、投资风险、现金流量风险、外汇风险等。主要影响因素是：资金利润率不高、债权不安全两个方面。农业创业项目还有可能面临自然资源风险、自然灾害风险、技术风险、市场风险等带来的风险损失。因此，在估算创业资金时，要对创业资金的使用做好统筹安排，充分考虑将要遇到的困难，预留风险资金，做到有备无患，有的放矢。

第二节　创业资金的筹措

职业农民创业者创业，除了做好一些基本工作之外，重要的是创业资金的筹措。拥有的资金越多，可选择的余地就越大，成功的机会就越多。而没有资金，一切就无从谈起。筹措资金的方法多种多样，比较常见的有以下几种。

一、自有资金

创业者在创业初期，更多的是依赖于自有资金，而且，只要拥有一定的自有资金，才有可能从外部引入资金，尤其是银行贷款。

外部资金的供给者普遍认为，如果创业者自己不投入资金，完全靠贷款等方式从外部获得资金，那么创业者就不可能对企业的经营尽心尽力。一位资深的银行贷款项目负责人毫不掩饰地说："我们要企业拥有足够的资金，只有这样，在企业陷入困境的时候，经营者才会想方设法去解决问题，而不是将烂摊子扔给银行一走了之。"至于自有资金的数量，外部资金供给者主要是看创业者投入的资金占其全部可用资金的比例，而不是资金的绝对数量。很显然，一位创业者如果把自己绝大部分的可用资金投入到即将创办的企业，就标志着创业者对自己的企业充满信心，并意味着创业者将为企业的成功付出全部的努力。这样的企业才有成功、发展的可能，外部资金供给者的资金风险就会降至最低。

另外，创业者自己投入资金的水平还取决于自己和外部资金供给者谈判时所处的谈判地位。如果创业者在某项技术或某种产品方面具有大家认同的巨大市场价值，创业者就有权自行决定自有资金投入的水平。

二、亲戚和朋友的投入

在创业初期，如果技术不成熟，销售不稳定，生产经营存在很多的变数，企业没有利润或者利润甚微，而且由于需要的资金量较少，则对银行和其他金融机构来说缺乏规模效益，此时，外界投资者很少愿意涉足这一阶段的融资。因此，在这一阶段，除

了创业者本人，亲戚或朋友的投入就是最主要的资金来源。

但是，从亲戚和朋友那里筹集资金也存在不少的缺点，至少包括以下几个方面。

(1) 他们可能不愿意或是没有能力借钱给创业者，往往碍于情面而不得不借。

(2) 在他们需要用钱的时候，他们可能因创业者的企业出现资金紧张而不好意思开口要求归还，或者创业者实在拿不出钱来归还。

(3) 创业者的借款有可能危害到家庭内的亲情以及朋友之间的友情，一旦出现问题，可能连亲戚朋友都做不成。

(4) 如果亲戚或朋友要求取得股东地位，就会分散创业者的控制权，若再提出相应的权益甚至特权要求，有可能对雇员、设施或利润产生负面的影响。例如，有才能的雇员可能觉得企业里到处都是裙带关系，使同事关系、工作关系的处理异常复杂，即使自己的能力再强，也很难有用武之地，逐渐萌生去意；亲戚或朋友往往利用某种特殊的关系随意免费使用企业的车辆，公车变成了私车。

一般来说，亲戚朋友不会是制造麻烦的投资者。事实上，创业者往往找一些志同道合，并且在企业经营上有互补性的朋友通过入股并直接参与经营管理，从而为企业建立一支高素质的经营管理团队，以保证企业的发展潜力。

为了尽可能减少亲戚朋友关系在融资过程中出现问题，或者即使出现问题也能减少对亲戚朋友关系的负面影响，有必要签订一份融资协议。所有融资的细节（包括融资的数量、期限和利率，资金运用的限制，投资人的权利和义务，财产的清算等），最终都必须达成协议。这样既有利于避免将来出现矛盾，也有利于解决可能出现的纠纷。完善各项规章制度，严格管理，必须以公事公办的态度将亲戚朋友与不熟悉的投资者的资金同等对待。

任何贷款必须明确利率、期限以及本息的偿还计划。利息和红利必须按期发放，应该言而有信。

亲戚和朋友对创业者可能提供直接的资金支持，也可能出面提供融资担保以便帮助创业者获得所需要的资金，这对创业者来说同等重要。

三、银行贷款

银行很少向初创企业提供资金支持，因为风险太大。但是，在创业者能提供担保的情况下，商业银行是初创企业获得短期资金的最常见的融资渠道。如果企业的生产经营步入正轨，进入成长阶段的时候，银行也愿意为企业提供资金。所以，有人认为，银行应视为一种企业成长融资的来源。

1. 银行贷款类型

商业银行提供的贷款种类可以根据不同的标准划分。我国目前的主要划分方式有以下几种。

（1）按照贷款的期限划分为短期贷款、中期贷款和长期贷款。在用途上，短期贷款主要用于补充企业流动资金的不足；中、长期贷款主要用于固定资产和技术改造、科技开发的投入。在期限上，短期贷款在 1 年以内；中期贷款在 1 年以上 5 年以下；长期贷款在 5 年以上。短期贷款利率相对较低，但是不能长期使用，短期内就需要归还；中、长期贷款利率相对较高，但短期内不需要考虑归还的问题。企业应该根据自己的需要，合理确定贷款的期限。但有一点必须遵守的是：不能将短期贷款用于中、长期投资项目，否则，企业将可能面临无法归还到期贷款的尴尬局面，有损企业的信誉。在创业初期，企业从银行获得的贷款主要是短期贷款或中期贷款。

（2）按照贷款保全方式划分为信用贷款和担保贷款。信用贷款是指根据借款人的信誉发放的贷款。担保贷款又可以根据提

供的担保方式不同分为保证贷款、抵押贷款和质押贷款。保证贷款是指以第三人承诺在借款人不能归还贷款时按约定承担一般责任或连带责任为前提而发放的贷款。抵押贷款是指以借款人或第三人的财产作为抵押物而发放的贷款。质押贷款是指以借款人或第三人的动产或权力作为质物而发放的贷款。在创业初期，企业从银行获得贷款绝大部分都要求提供银行认可的担保。

2. 农村银行金融机构

农村银行业金融机构，主要包括农业银行及其分支机构、农业发展银行及其分支机构、各商业银行在县域内的分支网点、邮政储蓄银行、农村合作银行、农村信用社、村镇银行等金融机构。

(1) 农村信用社。农村信用合作社是银行类金融机构。所谓银行类金融机构又叫做存款机构和存款货币银行，其共同特征是以吸收存款为主要负债，以发放贷款为主要资产，以办理转账结算为主要中间业务，直接参与存款货币的创造过程。

农村信用合作社又是信用合作机构。信用合作机构是由个人集资联合组成的、以互助为主要宗旨的合作金融机构，简称“信用社”，以互助、自助为目的，在社员中开展存款、放款业务。信用社的建立与自然经济、小商品经济发展直接相关。由于农业生产者和小商品生产者对资金的需要存在季节性、零散、小数额、小规模等特点，使小生产者和农民很难得到银行贷款的支持，但客观上生产和流通的发展又必须解决资本不足的困难，于是就出现了这种以缴纳股金和存款方式建立的互助、自助的信用组织。

农村信用合作社是由农民入股组成，实行入股社员民主管理，主要为入股社员服务的合作金融组织，是经中国人民银行依法批准设立的合法金融机构。农村信用社是中国金融体系的重要组成部分，其主要任务是筹集农村闲散资金，为农业、农民和农村经济发展提供金融服务。同时，组织和调节农村基金，支持农业生产和农村综合发展，支持各种形式的合作经济和社员家庭经济，限制和打击高利贷。

（2）农村商业银行。农村商业银行是由辖内农民、农村工商户、企业法人和其他经济组织共同入股组成的股份制的地方性金融机构。在经济比较发达、城乡一体化程度较高的地区，“三农”的概念已经发生很大的变化，农业比重很低，有些甚至占5%以下，作为信用社服务对象的农民，虽然身份没有变化，但大都不再从事以传统种养耕作为主的农业生产和劳动，对支农服务的要求较少，信用社实际也已经实行商业化经营。对这些地区的信用社，可以实行股份制改造，组建农村商业银行。

（3）农村合作银行。农村合作银行是由辖内农民、农村工商户、企业法人和其他经济组织入股，在合作制的基础上，吸收股份制运作机制组成的合作制的社区性地方金融机构。与农村商业银行不同，农村合作银行是在遵循合作制原则基础上，吸收股份制的原则和做法而构建的一种新的银行组织形式，是实行合作制的社区性地方金融机构。

（4）中国农业银行。中国农业银行是国际化公众持股的大型上市银行，是中国四大银行之一。最初成立于1951年，是新中国成立的第一家国有商业银行，也是中国金融体系的重要组成部分，总行设在北京市数年来，中国农业银行一直位居世界五百强企业之列，在“全球银行1 000强”中排名前7位，穆迪信用评级为A1。2009年，中国农业银行由国有独资商业银行整体改制为现代化股份制商业银行，并在2010年完成“A+H”两地上市，总市值位列全球上市银行第5位。

中国农业银行的前身最早可追溯至1951年成立的农业合作银行。20世纪80年代末以来，中国农业银行相继经历了国家专业银行、国有独资商业银行和国有控股商业银行等不同发展阶段。1994年分设中国农业发展银行，1996年农村信用社与中国农业银行脱离行政隶属关系，中国农业银行开始向国有独资商业银行转变。2009年1月5日，中国农业银行整体改制为股份有限公司，完成了从国有独资银行向现代化股份制商业银行的历史性跨越；2010年7月，中国农业银行股份有限公司在上海、香港两地面向全球挂牌上市，成功创造了截至2010年全球资本市场最大规模的IPO，募集资金达221亿美金。这标志着农业银行改革发展进入了崭新时期，也标志着国有大型商业银行改革上市战役的完美收官。

中国农业银行致力于建设面向“三农”、城乡联动、融入国际、服务多元的一流商业银行。中国农业银行凭借全面的业务组合、庞大的分销网络和领先的技术平台，向广大客户提供各种公司银行、零售银行产品和服务，同时，开展自营及代客资金业务，业务范围还涵盖投资银行、基金管理、金融租赁、人寿保险等领域。

（5）中国农业发展银行。中国农业发展银行是直属国务院领导的我国唯一的一家农业政策性银行，成立于1994年11月，其职能定位为：以国家信用为基础，筹集农业政策性信贷资金，承担国家规定的农业政策性金融业务，代理财政性支农资金的拨付，为农业和农村经济发展服务。中国农业发展银行实行独立核算，自主、保本经营，企业化管理。

中国农业发展银行的主要任务是：按照国家的法律、法规和方针、政策，以国家信用为基础，筹集农业政策性信贷资金，承担国家规定的农业政策性和经批准开办的涉农商业性金融业务，代理财政性支农资金的拨付，为农业和农村经济发展服务。中国农业发展银行在业务上接受中国人民银行和中国银行业监督管理委员会的指导和监督。中国农业发展银行的业务范围，由国家根据国民经济发展和宏观调控的需要并考虑到中国农业发展银行的承办能力来界定。中国农业发展银行成立以来，国务院对其业务范围进行过多次调整。

（6）中国邮政储蓄银行。中国邮政储蓄银行于 2007 年 3 月 20 日正式挂牌成立，是在改革邮政储蓄管理体制的基础上组建的商业银行。中国邮政储蓄银行承继原国家邮政局、中国邮政集团公司经营的邮政金融业务及因此而形成的资产和负债，并将继续从事原经营范围和业务许可文件批准、核准的业务。2012 年 2 月 27 日，中国邮政储蓄银行发布公告称，经国务院同意，中国邮政储蓄银行有限责任公司于 2002 年 1 月 21 日依法整体变更为中国邮政储蓄银行股份有限公司。

3. 贷款的条件

贷款人申请贷款时应该提供以下几个基本问题的答案：贷款数量，贷款理由，贷款时间的长短，如何偿还贷款等。

贷款的数量，首先应该根据自己的实际需要来确定，太少会影响到企业的经营运作，太多又会造成不必要的浪费，还要承担高额的利息负担；其次应该根据自有资金的多少来决定。如果某一笔贷款超过企业资产的 50%，这个企业实质上将更多地属于银行而不属于贷款人。银行一般希望贷款人投入更多的自有资金。第一，投入更多的自有资金使所有者对企业更加负责，更有责任感，因为企业失败的话，损失最大的是所有者。第二，如果企业没有足够的资金，也没有其他投资者愿意投入资金，这只能说明所有者和其他潜在投资者都缺乏信心，要么企业没有价值，要么经营者缺乏经营技巧，而这些对一家企业的成功是非常重要的。第三，银行想在企业一旦破产的情况下保护自己的利益。当企业破产倒闭时，债权人可以通过法院的清算来索取属于自己的权益，也就是分配企业的破产财产。若所有者投入的资金越多，债权人的权益就越能得到保障。

贷款的理由主要是指贷款获得的资金准备用来做什么。明确

贷款用途，有利于银行尽快地审批。如果用于购买固定资产等资本性支出，即使企业破产还能回收或出售该资产，银行较愿意提供贷款；如果用于支付水电费、人员工资、租金等收益性支出，银行可能不太情愿。同时，银行会要求企业按照贷款合同规定的用途使用资金。企业一旦违背合同，银行会要求提前终止合同。

贷款时间的长短与贷款的理由有密切联系。如果贷款资金准备用于购买固定资产等长期资产，贷款的期限往往较长，属于中、长期贷款，但是贷款期限很少会超过这类资产的预期使用寿命。如果贷款资金用于购买原材料、支付应付账款等，贷款期限往往只有几个月，也就是补充流动资金的不足。银行很少会发放超过 5 年的贷款，除非用于购置房屋等建筑物。所以，贷款人不得不向银行证明企业有能力在 5 年内偿还贷款。

如何偿还贷款就是指企业准备采用什么方式来偿还。具体来说，就是采用分期还本付息、先分期付息后一次性还本，还是到期一次性还本付息。

从银行获得贷款后必须记住下面几点：一是应该为企业的资产购买保险，这样，即使出现火灾等意外损失也能从保险公司得到补偿。二是必须严格按照借款合同的规定使用贷款资金；银行会要求企业定期提供反映企业财务情况的可靠的财务报表，银行也可能要求企业在处置重要资产前先经过银行的同意。三是应该保持足够的流动资金（如现金、存货、应收账款等），确保良好的清偿能力，避免因无力清偿而损害企业的声誉。

4. 担保贷款

初创企业向银行申请贷款，几乎无一例外都被要求提供适当担保。如果企业是一家独资企业或合伙企业，银行还会要求各出资人提供自己的财产情况。如果到期企业不能偿还所借款项及利息，银行除了要求对企业采取法律行动以外，还要求出资人偿还该笔贷款及利息。如果企业设立为有限责任公司或股份有限公司，银行也可能要求主要股东提供个人的财产情况，甚至要求主要股东以个人名义签署贷款，而不是直接借给公司。这样的做法和独资企业或合伙企业类似，将会形成个人的负债，最终由个人承担无限责任。这就需要股东个人以其所拥有的全部财产为企业的融资提供担保。

按照《中华人民共和国担保法》的有关规定，向银行申请贷款提供的担保方式主要有以下几种。

(1) 保证。保证是由第三人（保证人）为借款人的贷款履行作担保，由保证人和债权人（银行）约定，当借款人不能归还到期贷款本金和利息时，保证人按照约定归还本息或承担责任。具体的保证方式有两种：一种是一般保证；另一种是连带责任保证。保证人和债权人（银行）在保证合同中约定，借款人不能归还到期贷款本金和利息时，由保证人承担保证责任的，为一般保证。一般保证的保证人在借款合同纠纷未经审判或者仲裁，并在借款人财产依法强制执行仍不能偿还本息前，对债权人（银行）可以拒绝承担保证责任。保证人和债权人（银行）在保证合同中约定保证人与借款人对贷款本息承担连带责任的，为连带责任保证。连带责任保证的借款人在借款合同规定的归还本息的期限届满没有归还的，债权人（银行）可以要求借款人履行，也可以要求保证人在其保证范围内承担保证责任。

在保证合同中对保证方式没有约定或约定不明确的，按照连带责任保证承担保证责任。保证人可以是符合法律规定的个人、法人或其他组织。不过，银行对个人提供担保的，往往要求由公务员或事业单位工作人员等有固定收入的人来担保，并且不管是谁提供担保，银行都会先进行担保人的资质审查，符合银行要求的才能成为保证人。一般情况下，银行都会要求采取连带责任保证方式进行担保，以避免烦琐的程序。

(2) 抵押。抵押是指借款人或者第三人不转移对其确定的

财产的占有，将其财产作为贷款的担保。当借款人不能按期归还借款本息时，债权人（银行）有权依照法律的规定，以该财产折价或者以拍卖、变卖该财产的价款优先受偿。借款人或第三人只能以法律规定的可以抵押的财产提供担保；法律规定不可以抵押的财产，借款人或第三人不得用于提供担保。银行一般要求借款人或者第三人提供房屋等不动产作为贷款的担保，这一类抵押合同需要去房地产管理部门办理登记手续，否则，抵押合同无效。

(3) 质押。质押包括权利质押和动产质押。权利质押是指借款人或者第三人以汇票、本票、债券、存款单、仓单、提单，依法可以转让的股份、股票，依法可以转让的商标专用权、专利权、著作权中的财产权，依法可以质押的其他权利作为质权标的担保。动产质押是指借款人或者第三人将其动产移交债权人（银行）占有，将该动产作为贷款的担保。同样，依据法律规定，借款人不能归还到期借款本息时，银行有权以该权利或动产拍卖、变卖的价款优先受偿。在实际操作中，银行一般要求以股份、债券、定期存款单等作为担保，而且若用于质押的股票价格大跌，银行随时可要求借款人提供额外担保。

【案例】

通过贷款圆了"创业梦"

王继成毕业于衡水学院，学的是电子商务，是普通大学生村官中的一员。为了带动村民致富，四处考察学习、认真求教，并结合当地实际情况，确定了种植食用菌。刚开始资金短缺，当时家人朋友都不支持，为了实现自己的创业梦，王继成东凑西借，积极向相关部门寻求资金支持。经过努力，在县委组织部和镇里的协调下，王继成贷款10万元建起10亩食用菌园区。翌年食用菌项目盈利3万元。"许多人觉得一个不会种地的大学生，一下子就能挣这么多钱。”接着该村搞起来食用菌园区，全村投资约100万元，总产值达到150万元。为了让更多的农民致富，王继成与当地一家蔬菜种植公司商定，和大家一起凑钱，承包蔬菜大棚。共筹集了24.6万元，承包了28个大棚，每人每年能分红约1万元。王继成现在承包了8个食用菌大棚，把自己积蓄的30万元全部投了进去，现在投入的本钱基本上收回来了，估计能挣十几万吧。

四、非银行金融机构

非银行金融机构主要有融资租赁公司、小额贷款公司、农村资金互助社和大银行设立的全资贷款公司等金融机构。对于处于起步期、成长期的中小企业而言，随着我国金融体制改革的不断深入，非银行金融机构将能够为其提供范围更广的融资方式。

1. 融资租赁公司

融资租赁作为近年来快速发展的金融服务模式，在满足目前“三农”领域的融资需求上具有极大的优势和发展空间。与传统贷款业务相比，融资租赁与特定租赁物结合，更看重承租人的未来收益和可持续性，具有门槛低、程序便捷、产品量身定做等特点，缓解了“三农”发展融资难的问题。

融资租赁是由承租人向出租人融通资金引进设备再租给用户使用的方式。融资租赁租金的构成有设备价款、融资成本、租赁手续费等。融资租赁的优点是筹资速度快，限制条款少，设备淘汰风险小，到期还本负担轻等；缺点是资金成本过高。

2. 小额贷款公司

小额贷款公司是由自然人、企业法人与其社会组织投资设立。不吸收公众存款，经营小额贷款业务的有限责任公司或股份有限公司。与银行相比，小额贷款公司更为便捷、迅速，适合中小企业、个体工商户的资金需求；与民间借贷相比，小额贷款更

加规范，贷款利息可双方协商。

小额贷款公司是企业法人，有独立的法人财产，享有法人财产权，以全部财产对其债务承担民事责任。小额贷款公司股东依法享有资产收益、参与重大决策和选择管理者等权力，以其认缴的出资额或认购的股份为限对公司承担责任。

小额贷款公司应遵守国家法律、行政法规，执行国家金融方针和政策，执行金融企业财务准则和会计制度，依法接受各级政府及相关部门的监督管理。

小额贷款公司应执行国家金融方针和政策，在法律、法规规定的范围内开展业务，自主经营，自负盈亏，自我约束，自担风险，其合法的经营活动受法律保护，不受任何单位和个人的干涉。

申请小额贷款步骤如下。

（1）申请受理。借款人将小额贷款申请提交给小额贷款公司之后，由经办人员向借款人介绍小额贷款的申请条件、期限等，同时，对借款人的条件、资格及申请材料进行初审。

（2）再审核。经办人员根据有关规定，采取合理的手段对客户提交材料的真实性进行审核，评价申请人的还款能力和还款意愿。

（3）审批。由有权审批人根据客户的信用等级、经济情况、信用情况和保证情况，最终审批确定客户的综合授信额度和额度有效期。

（4）发放。在落实了放款条件之后，客户根据用款需求，随时向小额贷款公司申请支用额度。

（5）贷后管理。小额贷款公司按照贷款管理的有关规定对借款人的收入状况、贷款的使用情况等进行监督检查，检查结果要有书面记录，并归档保存。

（6）贷款回收。根据借款合同约定的还款计划、还款日期，借款人在还款到期日时，及时足额偿还本息，到此小额贷款流程结束。

3. 农村资金互助社

农村资金互助社是指经银行业监督管理机构批准，由乡镇、行政村农居和农村小企业自愿入股组成，为社员提供存款、贷款结算等业务的社区互助性银行业金融业务。

农村资金互助社实行社员民主管理，以服务社员为宗旨，谋求社员共同利益。

农村资金互助社是独立的法人，对社员股金、积累及合法取得的其他资产所形成的法人财产，享有占有、使用、收益和处分的权利，并以上述财产对债务承担责任。

农村资金互助社的合法权益和依法开展经营活动受法律保护，任何单位和个人不得侵犯。农村资金互助社社员以其社员股金和在本社的社员积累为限对该社承担责任。

农村资金互助社从事经营活动，应遵守有关法律法规和国家金融方针政策，诚实守信，审慎经营，依法接受银行业监督管理机构的监管。

4. 全资贷款公司

贷款公司是指经中国银行业监督管理委员会依据有关法律、法规批准，由境内商业银行或农村合作银行在农村地区设立的、专门为县域农民、农业和农村经济发展提供贷款服务的非银行业金融机构。贷款公司是由境内商业银行或农村合作银行全额出资的有限责任公司。

企业贷款可分为：流动资金贷款、固定资产贷款、信用贷款、担保贷款、股票质押贷款、外汇质押贷款、单位定期存单质押贷款、黄金质押贷款、银团贷款、银行承兑汇票、银行承兑汇票贴现、商业承兑汇票贴现、买方或协议付息票据贴现、有追索权国内保理、出口退税账户托管贷款。

贷款公司必须坚持为农民、农业和农村经济发展服务的经营宗旨，贷款的投向主要用于支持农民、农业和农村经济发展。

（1）在资金来源方面，贷款公司不得吸收公众存款，其营运资金仅为实收资本和向投资人的借款。

（2）在资金运用方面，仅限于办理贷款业务、票据贴现、资产转让业务以及因办理贷款业务而派生的结算事项。

在贷款的发放原则方面，要求贷款公司应当坚持小额、分散的原则，提高贷款覆盖面，防止贷款过度集中。

（3）在审慎经营的要求方面，明确规定，贷款公司对同一借款人的贷款余额不得超过资本净额的10%，对单一集团企业客户的授信余额不得超过资本净额的15%。

五、用好现有政策

政府为了支持农业的发展，提高农民的经济收入和生活水平，推动农村的可持续发展而对农业、农民和农村给予了一些政策倾斜和优惠，选择国家政策鼓励和支持的农业创业项目，并得到政府在有关专项上的支持和扶持，是职业农民创业项目资金筹措的一个重要渠道。

1. 农业补贴政策

一直以来，国家都非常重视农村农业的发展，并出台了许多农业补贴政策。职业农民创业者可以充分利用好农业补贴政策，解决创业之初的资金问题。

2016年起，在全国全面推开农业“三项补贴”改革，即将农作物良种补贴、种粮农民直接补贴和农资综合补贴等“三项补贴”合并为农业支持保护补贴，政策目标调整为支持耕地地力保护和粮食适度规模经营，为种粮大户等农业规模化种植经营群体提供补贴，通过这些群体带动农业发展，带动农民增收。耕地地力保护补贴对象原则上为拥有耕地承包权的种地农民。补贴资金通过“一卡（折）通”方式直接兑现到户。具体补贴依据、补贴条件、补贴标准由各省、自治区直辖市及计划单列市人民政府按照《财政部农业部关于全面推开农业“三项补贴”改革工作的通知》（财农〔2016〕26 号）要求、结合本地实际具体确定。鼓励各地创新方式方法，以绿色生态为导向，提供农作物秸秆综合利用水平，引导农民综合采取秸秆还田、深松整地、减少化肥农药用量、使用有机肥等措施，切实加强农业生态资源保护，自觉提升耕地地力。

目前粮食适度规模经营补贴政策已经开展，但由于各地补贴标准不一致，所以，各地领取补贴的数额也不一样，甚至一些省份将这些资金用来给予新型农业主体贷款贴息，或者给予相关的农机购置补贴，就没有直接发放现金，但依然有一些省份是通过现金发放。

【案例】

各地耕地地力保护补贴政策

荆门市

荆门市财政局、市农业局日前出台了《关于进一步规范农业支持保护补贴用于耕地地力保护的意见》（以下简称《意见》），对耕地地力保护补贴发放提出更加规范性要求。

从 2016 年起，农业补贴政策发生了很大变化：将以前的粮食直补、农资综合补贴、农作物良种补贴合并发放为“农业支持保护补贴”，政策导向由“补粮”调整为“补地”，调动了农民耕地地力保护意识。

《意见》要求对耕地地力保护补贴中涉及的农村土地承包经营权证进行清理核实，做到证地相符；对土地经营权流转协议开展备案管理，做到动态监管；对村组机动地申领补贴行为进行了详细说明，做到手续齐备。同时《意见》还就补贴对象的基础

信息管理提出了新的要求，提出要利用“农补网”做到批量审核，做到补贴对象信息准确无误。在面积审核上，《意见》严格按照湖北省有关政策要求，实行村、乡（镇）、县（市、区）三级审核制度，夯实补贴发放的信息基础。

该《意见》是市财政局、市农业局在充分调研的基础上形成的。在政策落实上，既尊重执行省级政策，又贴合基层实际完善了基础信息和要素管理，对指导基层操作实践具有很强的指导意义。

据了解，2016 年荆门市对 411.93 万亩耕地发放耕地地力保护补贴共计 4.4 亿元，2017 年补贴资金也将在上半年发放至农户手中。

青海省

2017 年，青海省继续实行耕地地力保护补贴政策。目前全省已下达补贴资金 63 985.48 万元，其中，粮食作物补贴资金 42 593.58 万元、油料作物补贴资金 21 391.9 万元。补贴政策将惠及全省农户（农场职工）95 万户。

据省农牧厅相关负责人介绍，耕地地力保护补贴资金按每亩 100 元的标准，通过“一卡（折）通”方式直接兑现给农户或农场职工。该项政策旨在激发农民种植粮油作物积极性，鼓励农民以绿色生态为导向，大力实施化肥农药减量增效、增施有机肥、秸秆肥料化利用、发展节水农业、推广深松整地、种植绿肥等先进生产技术。

辽宁省

根据《财政部农业部关于全面推开农业“三项补贴”改革工作的通知》（财农〔2016〕26 号）和《财政部 农业部关于印发〈农业支持保护补贴资金管理办法〉的通知》（财农〔2016〕74 号）精神，结合辽宁省实际，特制定本方案。

1. 政策内容

（1）补贴对象。原则上为全省拥有第二轮家庭土地承包经营权的农民，包括农业、农垦、林业、监狱、部队和油田系统拥有耕地承包权的职工。农民承包地实施流转的，原则上补贴给原承包户，承包方与流转方有约定的，从其约定。

（2）补贴依据。发放补贴的依据为第二轮家庭承包土地的实际耕种面积。第二轮家庭土地承包尚未完成的地区以及未实行土地承包的农业、农垦、林业、监狱、部队和油田系统耕地，以原计税面积中的实际耕种面积为补贴发放依据。

（3）补贴标准。以县（含市、区，下同）为单位，根据全县补贴资金规模和补贴面积计算，实行全县统一补贴标准。农业、农垦、林业、监狱、部队和油田系统拥有耕地承包权的职工补贴，按照属地管理原则，与当地农民发放标准一致。

2. 资金发放程序

补贴资金通过中国农民补贴网络信息系统，采取“一卡（折）通”方式发放。具体程序如下。

（1）基础数据申报核实。村级组织负责向乡镇申报本村补贴基础数据，包括农户姓名、补贴面积，身份证号码、银行账号、联系电话等。乡镇政府会同当地农信机构对村级上报的基础数据进行核实，调整和完善农民补贴网络信息系统基础数据，形成当年乡镇基础数据库。

（2）基础数据村级公示。当年基础数据库形成后，乡镇负责在自然村进行公示，主要公示补贴农户姓名、补贴面积，并由村通知农民及时核实公示内容。村级公示必须使用乡镇统一导出的补贴公示表，同时，说明补贴依据、补贴范围，并注明县、乡投诉电话，并加盖公章。每个自然村张贴公示地点不少于5处，公示时间不少于7天。

（3）基础数据汇总报送。基础数据经公示无异议后，乡镇在农民补贴网络信息系统中汇总形成乡镇基础数据报送到县级农业农村部门（纸质和电子版）。

农业、农垦、林业、监狱、部队和油田系统拥有耕地承包权的职工补贴，按照“属地管理，谁申报谁负责”的原则，由各系统主管部门按照上述程序组织申报并核实补贴数据，对申报数据的真实性、准确性、完整性、程序合规性进行审核并负责，及时将审定后的补贴数据以正式文件向所在地县农业农村部门申报。

县农业农村部门将汇总后的数据报请县政府组织相关部门核实确认后，行文报请市政府，市政府组织相关部门核实确认补贴基础数据后，市财政局按照经市政府审核同意后的补贴数据及时将省下达的耕地地力保护补贴资金分配到县。

(4) 补贴资金发放。补贴数据经市政府组织相关部门审核确认后，由县农业农村部门会同财政局根据本县域补贴面积和市下达的补贴资金规模核定全县统一补贴标准，报请县政府同意后，由县农业农村部门形成补贴资金发放明细表，并向县财政局提出补贴资金发放申请。

县财政局依据县农业农村部门补贴资金发放申请，将县农业农村部门报送的补贴资金发放明细表（纸质和电子版）送交代理发放补贴资金的县级农信社，并向县级农信社拨付补贴资金，由县级农信社按规定程序发放补贴资金。通过惠农“一卡通”发放补贴的县，在农民补贴网络信息系统完成补贴资金分配后，将补贴发放明细表提供给相关部门，按“一卡通”规定程序发放。其中，县级财政局提供给县级农信社的电子版代发文件为符合省农信联社批量代收付系统数据规范的加密文件，以保证补贴代发数据不在中间环节修改、泄露，确保代发资金的安全性。

(5) 补贴发放结果公开。补贴资金发放完成后，县财政部门要通过中国农民补贴网向财政部报送补贴数据（分县数据包）。县农业农村部门要将完整的补贴数据返回乡镇和农业、农垦、林业、监狱、部队、油田主管部门。各乡镇和农业、农垦、林业、监狱、部队、油田主管部门通过中国农民补贴网络信息系统导出补贴资金发放明细表，指定专人逐村张贴公布，公布时间不少于7天，张贴地点不少于5处。

为方便农民查询，各乡镇要将补贴发放结果在政府便民服务中心大厅中公布，有门户网站的县级政府，要将补贴发放结果（姓名、补贴面积、补贴标准、补贴金额）在门户网站上公布。

2. 农业专项资金

农业专项资金是指由地方本级财政预算内外安排，上级财政和主管部门拨入，国内外银行贷款、国际金融机构援贷项目投入以及农业有关职能部门专门用于发展农业生产、繁荣农村经济、提高农民收入的各项资金，主要包括农业发展基金、林业资金、农业开发资金、农业科技推广资金、支农周转金、扶贫资金、水利建设资金和援贷款项目资金等。

近年来，我国中央和地方政府开列的农业专项资金众多，且根据年度农业生产发展形势，不断进行调整和优化。主要包括以下几种类型：种养业良种体系建设资金、新型农民科技培训资金、农业科技创新与应用体系建设资金、农产品质量安全体系建设资金、农业信息与农产品市场体系建设资金、农业资源与生态环境保护体系建设资金、农业社会化服务与管理体系建设资金、粮食综合生产能力增强行动资金、健康养殖业推进行动资金、重大动物疫病防控行动资金、疫病虫害防治补助资金等。

农业专项资金种类繁多，且每年都会有变化。在创业过程中，农业创业者要根据创业项目的类型，及时关注国家和地方政府的农业专项资金政策，争取得到专项资金的支持。

3. 金融信贷扶持政策

金融信贷扶持政策是国家对创业者在金融信贷领域所给予的优惠政策，其意义主要是在金融信贷方面减轻创业者的信贷压

力，帮扶创业者创业成功。

在对小额担保贷款财政贴息资金管理上，2013 年 9 月 8 日，国家财政部、人力资源社会保障部、中国人民银行关于加强小额担保贷款财政贴息资金管理的通知（财金［2013］84 号）做了如下规定。

（1）小额担保贷款的申请和财政贴息资金的审核拨付，要坚持自主自愿、诚实守信、依法合规的原则。各级财政部门要充分认识到小额担保贷款工作对于促进就业、改善民生的重要意义，切实履行职责，加强财政贴息资金审核，规范政策执行管理。

（2）财政贴息资金支持对象按照现行政策执行，具体包括符合规定条件的城镇登记失业人员、就业困难人员（一般指大龄、身有残疾、享受最低生活保障、连续失业一年以上以及因失去土地等原因难以实现就业的人员）、复员转业退役军人、高校毕业生、刑释解教人员以及符合规定条件的劳动密集型小企业。上述人员中，对符合规定条件的残疾人、高校毕业生、农村妇女申请小额担保贷款财政贴息资金，可以适度给予重点支持。

（3）财政贴息资金支持的小额担保贷款额度为，高校毕业生最高贷款额度 10 万元，妇女最高贷款额度 8 万元，其他符合条件的人员最高贷款额度 5 万元，劳动密集型小企业最高贷款额度 200 万元。对合伙经营和组织起来就业的，妇女最高人均贷款额度为 10 万元。

（4）财政贴息资金支持的个人小额担保贷款利率为，中国人民银行公布的同期限贷款基准利率的基础上上浮不超过 3 个百分点。财政贴息资金支持的小额担保贷款期限最长为 2 年，对展期和逾期的小额担保贷款，财政部门不予贴息。

4. 金融支农政策

随着农业现代化进程的加快，种养大户、家庭农场、合作社等规模化、集约化新型农业经营主体的快速发展，商品化生产和产业化经营的特点日益凸显，无论是固定资产投入，还是流动资金需求，农业农村经济发展对金融资本更加依赖，“贷款难”“贷款贵”的老大难问题已经到了非解决不可的地步。

国务院发布的《推进普惠金融发展规划（2016—2020年）》中指出，要提高金融服务的可得性。大幅改善对城镇低收入人群、困难人群以及农村贫困人口、创业农民、创业大中专学生、残疾劳动者等初始创业者的金融支持，完善对特殊群体的无障碍金融服务。加大对新业态、新模式、新主体的金融支持。提高小微企业和农户贷款覆盖率。提高小微企业信用保险和贷款保证保险覆盖率，力争使农业保险参保农户覆盖率提升。继续完善农业银行“三农金融事业部”管理体制和运行机制，进一步提升“三农”金融服务水平。引导邮政储蓄银行稳步发展小额涉农贷款业务，逐步扩大涉农业务范围。鼓励全国性股份制商业银行、城市商业银行和民营银行扎根基层、服务社区，为小微企业、“三农”和城镇居民提供更有针对性、更加便利的金融服务。

【案例】

河南省伊川：金融支持职业农民创业

“农业局不仅提供技术支持，还为我们协调农商行信贷资金，才让我有实力扩大规模种植有机蔬菜。”2017年6月，刚获得县农广校新型职业农民认证的河南省洛阳市伊川县白沙乡程庄村村民程俊瑞，又接到县农商行发放50万元贷款通知，便高兴得合不拢嘴，可谓是双喜临门。

为解决谁来种地问题，为农村储备实用技术人才，伊川县积极出台鼓励扶持政策，整合各种资源，大力实施新型职业农民培育工程。为让农业人才有用武之地，解决新型职业农民后续创业资金需求，该县农业局在做好培育认证的基础上，积极协调各职

能部门，联合伊川农村商业银行对有创业需求的新型职业农民进行信贷资金扶持。为确保不误农时，本着“早投放、早见效、农民早使用、早受益”的原则，该县农商行积极组织信贷员深入农户家中和田间地头，充分了解农民生产、生活情况，及时提供科技、信息服务，通过摸清底调查，整合信贷支农资金 26 000 万元作为专项资金进行定向投放，为新型职业农民创业创富提供有力的资金保障。

截至 2017 年 6 月 8 日，该行已为 1 万余名新型职业农民建立了信贷需求信息档案，为 8 000 余名职业农民提供了授信，并为 50 余名种植养殖专业大户和持证新型职业农民发放了首期贷款，仅大棚蔬菜种植一项便发放贷款 600 余万元，为职业农民创业解除了后顾之忧。

第三节　创业资金的管理

一、注册资金

注册资金就是企业全部财产的货币表现，是企业从事生产经营活动的物质基础，是登记主管机关核定经营范围和方式的主要依据。

自 2014 年 3 月 1 日起施行的《中华人民共和国公司法》，实行注册资本认缴制，也就是，除法律、行政法规以及国务院决定对公司注册资本实缴有另行规定的以外，取消了关于公司股东（发起人）应自公司成立之日起两年内缴足出资，投资公司在五年内缴足出资的规定；取消了一人有限责任公司股东应 1 次足额缴纳出资的规定。转而采取公司股东（发起人）自主约定认缴出资额、出资方式、出资期限等，并记载于公司章程的方式。

认缴制与实缴制不同，实缴制是指企业营业执照上的注册资本是多少，该公司的银行验资账户上就必须有相应数额的资金。实缴制需要占用企业的资金，一定程度上抑制了投资创业，降低了企业资本的营运效率。而认缴制则是工商部门只登记公司认缴的注册资本总额，无须登记实收资本，不再收取验资证明文件。认缴登记制不需要占用企业资金，可以有效提高资本运营效率，降低企业成本。这在一定程度上解决了农民开始创业手头资金不足的难题。

二、利润分配

获得收益是每个投资商的投资目的。创业企业在进行股利分配时，要站在企业战略发展的角度，重视投资商对投资利益的关切，更要重视企业长远战略发展。正确处理眼前利益与长远利益的关系，切不可杀鸡取卵、急功近利。要正确分析企业自身状况，选择适当的股利分配政策，既能满足企业发展的需要，又能取得投资者的理解和满意。一般认为初创期企业收益水平低且现金流量不稳定，实行低股利政策或零股利政策往往是较明智的选择。

三、风险控制

创业初期往往头绪多、事务杂，财务管理方面缺乏制度规范、随意性较大等是常常出现的问题。要解决创业期企业财务管理上存在的问题，必须正视和分析存在问题的种种原因，建立健全财务管理制度体系和运行机制，发挥财务管理内部控制的应有职能，实现财务管理的目标。

四、资金增补

营运资金管理是通过对创业企业资金的使用进行有效控制，达到使用合理、运转高效的目的，是创业企业财务管理的重要内

容。通过按月编制营运资金分析表可以有效地控制营运资金。要经常做好资金拥有量和资金占用量差额分析，发现营运资金不足时，应及时采取相应的资金弥补措施，避免资金原因影响创业企业工作进展。

第四节　核算项目的投入收益

一、投入

1. 启动资金

启动资金，是指用来支付场地（土地和建筑）、办公家具和设备、机器、原材料和商品库存、营业执照和许可证、开业前广告和促销、工资以及水电费和电话费等费用。简言之，启动资金就是能够维持企业正常运转的基本资金。企业只要能够正常运转，启动资金占用的越少越好。启动资金可以归为两类。

固定资产：是指您为企业购买的价值较高、使用寿命较长的资产。有的企业用很少投资就能开办，而有的却需要大量的投资才能启动。明智的做法是，把必要的投资降到最低限度，让企业少担些风险。然而，每个企业开办时总会有一些投资，并且不同类型的企业启动资金占用的多少和比例也不尽相同。

流动资金：是指维持企业日常正常运转所需要支出的资金。包括现金、存货（材料、在制品及成品）、应收账款、有价证券、预付款等项目。

企业支付给职工的工资，从企业生产资金周转的角度看，同企业购买原材料等所支付的费用一样，也是一次全部转入成本，并通过产品销售收回来，再用来支付下一次工资。周转方式与流动资金相同。因此，也包括在企业的流动资金中。某些简单工具按性质虽属劳动手段，但因价值或使用时间短，为便于管理，作为低值易耗品也列入流动资金。企业流动资金按其所处的领域分为生产领域的流动资金和流通领域的流动资金。前者又可分为储备资金与生产资金，后者又可分为货币资金与商品资金。流动资金在生产资金中占有很大比重。在食品工业中要占 2/3 以上。节约流动资金对于降低物资消耗，降低产品成本，提高企业经济效益具有重要意义。节约流动资金的主要途径是降低原材料储备，综合利用原材料，降低单位产品的物资消耗与工资含量，缩短产品的生产时间与流通时间等。

2. 固定资产

固定资产是指企业为生产产品、提供劳务、出租或者经营管理而持有的、使用时间超过一年的，价值达到一定标准的非货币性资产，包括房屋、建筑物、机器、机械、运输工具以及其他与生产经营活动有关的设备、器具、工具等。固定资产是企业的劳动手段，也是企业赖以生产经营的主要资产。开办企业时，你必须具备这部分资金，而且需要今后多个营业周期的经营才会收回这部分资金。因此，在开办企业之前，有必要预算一下你的企业投资到底需要多少资金，这是开办企业必须首先具备的。

你的投资一般可以分为两类：企业的场所和必备的设备。

（1）场所。办企业都需要有适当的场地。当你决定创办企业后，就要进一步确定你创办企业的地点、场所。场所也许是用来开企业的庞大建筑，也许只是一个小工作间，也许只需要租一个铺面，也许可以在你的家开展工作。当你明确需要什么样的场所后，需要作出自行建造、购买、还是租赁等的选择。如果你的企业对场所有特殊要求，最好自行建造，但这需要大量的资金和时间。如果你能在优越的地点找到合适的场所，则购买现既简单又快捷。但现成的场所往往需要经过改造才能适合企业的需要，而且需要花大量的资金。如果资金比较紧张，租赁是一种不错的选择。租房比建造厂房和购买厂房所需要的启动资金要少，这样

做也比较灵活。如果是租房，当你需要改变企业地点时，也会容易得多。不过租房不像自己有房那么安稳，而且你也得花些钱进行装修才能使用。如果家里能够满足你的创业需要，在家创业的固定投资可能是最便宜，但即使这样也少不了要做些调整。在你确定你的企业是否成功之前，在家开业是起步的好办法，因为占用资金较少，待企业成功后再租房和买房也不晚。但在家工作，业务和生活难免互相干扰。

（2）设备。设备是指你的企业正常运转所需要的各种机器、工具、设备、车辆、办公家具等。对于生产型、加工型和一些服务型企业，最大的需要往往是设备。一些企业需要在设备上大量投资，因此，了解清楚需要什么设备以及选择正确的设备类型就显得非常重要。即使是只需要少量设备的企业，也要慎重考虑你确实需要哪些设备，并把它们写入创业计划，可能的话，租赁一些必须设备也可以降低启动资金的数量。

3. 流动资金

你的企业开办起来以后需要运转一段时间才能有销售收入。生产型企业在销售之前必须先把产品生产出来；服务型企业在开始提供服务之前要先买材料和用品；营销型企业在营业之前必须先购入商品。所有企业的产品在得到顾客接受之前必须先花时间和费用进行促销。总之，你需要流动资金支付购买并储存原材料或成品、必要促销、支付工资、支付租金、支付保险和许多其他费用的开销。这你要根据企业类型或规模进行预测，在获得销售收入之前，你的企业能够支撑多久。一般而言，刚开始的时候销售并不顺利，因此，你的流动资金需要计划周密些。为了做好周密计划，你需要制订一个现金流量计划。它会帮助你更准确地预测你所需要的流动资金。

（1）库存。你预计的企业规模越大、原料的库存就可能越多，就需要用于采购的流动资金就越大。既然购买存货需要资金，你就应该将库存降到最低限度。

如果你是个生产型或加工型，你必须预测你的生产需要多少原材料库存，这样你可以计算出在获得销售收入之前你需要多少流动资金。如果你是一个服务型或营销型企业，你必须预测在顾客付款之前，你提供服务需要多少材料库存。如果你的企业允许赊账，资金回收的时间就更长，你需要动用流动资金更多。

（2）租金。正常情况下，企业一开始运作就要支付企业场所的租金。计算流动资金中用于场所的金额，用月租金乘以还没达到收支平衡的月数就可以得出来。而且，你还要考虑到租金支付的周期长短。如果一次支付周期长，就会占用更多的流动资金。

（3）工资。如果你雇用员工，在起步阶段你就得给他们付工资。你还要以工资方式支付自己家庭的生活费用。计算流动资金时，要计算用于发工资的钱，通过用每月工资总额乘以还没到达收支平衡的月数就可以计算出来。

（4）促销。新企业开张，需要宣传自己的商品或服务，而促销活动占用一些流动资金。

（5）其他费用。在企业起步阶段，还要支付一些其他费用，例如，保险、电费、文具用品费、交通费等。

二、收益

当你选择了创业项目，决定了为市场可能提供的商品种类和质量。确定了产品，就决定了目标市场，而目标市场的消费能力和对产品的认知度，决定了创业成功的概率。

在确定产品价格之前，要计算出你为顾客提供产品或服务所产生的成本。每个企业都会有成本。作为创业者，你必须详细了解经营企业的成本。

创业项目的预期收益是指在企业完成商品供给后获得的收

益。预期收益是由供给的产品价格和供给产品的数量扣除生产产品成本后的余额。

1. 成本

在确定产品价格之前，要计算出你为顾客提供产品或服务所产生的成本。很多企业因为没有能力控制好企业的经营成本而陷入财务困境。一旦成本大于收入，企业将会陷入困境甚至破产。因此，成本控制对创业成功的重要影响因素之一。

怎样具体地计算成本？首先，你要了解自己生产产品或提供服务的成本构成；其次，你要了解固定资产折旧也是一种成本；最后，计算出单位产品的成本价格。

对于一个准备创业者来说，预测成本绝对不是一件容易的事。最好的方法是，参照一家同类企业，了解一下该企业计入了哪些成本。企业常见的成本项目有原料及主要材料、生产用燃料和动力、生产工人工资、废品损失、车间经费、企业管理费、销售费用等项目。

一定时期内，有些成本是不变的，例如，租金、保险费和营业执照费，这些成本称为固定成本。另外，一些成本随着生产或销售的起伏而变化，如材料成本，这些成本是可变成本。

预测成本是，你必须认真区分可变成本和固定成本。你的材料成本永远属于可变成本。如果还有其他可变成本，你必须知道这些成本是怎样随着销售的增长而变化的。

折旧是一种特殊成本：折旧是由于固定资产不断贬值而产生的一种成本，例如，设备、工具和车辆等。它虽然不是企业的现金支出，但仍然是一种成本。

由于折旧是针对固定资产而做的。因此，你需要计算固定资产（有较高价值和较长使用寿命的资产）的折旧价值。在大多数小企业里，能够折旧的物品为数不多。企业常见的固定资产项目的折旧率，例如，工厂建筑、设备和工具、办公家具等年折旧率是 20%、机动车辆等年折旧率是 10%，店铺的每年折旧率是 5%。而商场店铺的装修年折旧率可高达 50%。

根据各种企业类型通过、销售产品的方式不同，计算每年或每月，甚至每天的成本。当你基本明确了投资周期（投资周期是指从资金投入至全部收回所经历的时间），对你产品的定价及预期收益都有了重要的参照物。

2. 价格

产品质量或服务水平确定后，价格是否合理，是能否实现产品销售出去的基础。制定价格主要有两种基本方法。

（1）是成本加价法。将制作产品或提供服务的全部费用加起来，就是成本价格。在成本价格上加一个利润百分比得出的是销售价格。如果你的企业经营有效，成本不高，用这种方法制定的销售价格在当地应该是具有竞争力的。但是，如果你的企业经营不好，你的成本可能会比竞争者的高，这意味着你用成本加价法制定的价格会太高，而不具有竞争力。

（2）竞争价格法。这是确定价格的另一种方法。在定价时，除了考虑成本外，你还要了解一下当地同类商品或服务的价格，看看你定的价格与他们的相比是不是有竞争力。如果你定的价格比竞争者的高，你要保证你能更好地满足顾客的需要。

实际上可以同时用成本加价和竞争比较这 2 种方法来制定价格。一方面，你要严格核算产品成本，保证定价高于成本，当然，一定不要拿制造商的销售价和商店的零售价进行比较；另一方面，你应随时观察竞争者的价格，并与之比较，以保持你的价格有竞争力。当然，对于新创业者者来说，可能是难以预料的是你的竞争对手对你这家新生企业的反应。有时，当一家新企业进入市场时，竞争对手的反应是很激烈的。他们也许会压低价格，使新企业难以立足。所以，即使你的企业计划做得很完备，也总会面临一些意外的风险。

3. 收入

在准备创业时，了解一定量的销售能带来多少收入，称为销售收入预测。预测销售和销售收入是准备创业计划中最重要和最困难的部分。大多数人都会过高估计自己的销售，因此，你在预测销售时不要太乐观，要求实际。千万要记住，在开办企业的头几个月里，你的销售收入不会太高。预测销售收入的一般步骤是：首先，列出你的企业推出的所有产品或产品系列或所有服务项目；其次，产品的销售数量及时期；再次，预测产品的销售价格；最后，计算预期销售额扣除成本的余额，得出预期收入。

第八章　实施创业计划

第一节　编制创业计划书

一、编制创业计划书的步骤

创业计划是争取风险投资的敲门砖。因此，创业者在申请风险投资之初，要将创业计划作为头等大事。一份好的成功的创业计划有如下特征：具有吸引力，观点清晰明了，客观、通俗易懂且严谨周密、篇幅适当。

1. 准备阶段

由于创业计划涉及的内容较多，所以，编制之前必须进行充分的准备、周密的安排。第一，通过文案调查或实地调查的方式，准备关于创业企业所在行业的发展趋势、同类企业组织机构状况、同类行业企业报表等方面的资料。第二，确定计划的目的和宗旨。第三，组成专门的工作小组，制订创业计划的编写计划，确定创业计划的种类与总体框架，制订创业计划编写的日程与人员分工。

2. 形成阶段

在这个阶段，主要是全面编写创业计划的各部分，包括对创业项目、创业企业、市场竞争、营销计划、组织与管理、技术与工艺、财务计划、融资方案以及创业风险等内容进行分析，初步形成较为完整的创业计划方案。

3. 完善阶段

有了初稿后，应广泛征询各方面的意见，进一步补充修改和完善创业计划。编制创业计划的目的之一是向合作伙伴、创业投资者等各方人士展示有关创业项目的良好机遇和前景，为创业融资、宣传提供依据。所以，在这个阶段要检查创业计划是否完整、务实、可操作，是否突出了创业项目的独特优势及竞争力，包括创业项目的市场容量和赢利能力，创业项目在技术、管理、生产、研究开发和营销等方面的独特性，创业者及其管理团队成功实施创业项目的能力和信心等，力求引起投资者的兴趣，并使之领会创业计划的内容，支持创业项目。

4. 定稿阶段

这个阶段是指定稿并印制创业计划的正式文本。

二、编制创业计划书的注意事项

1. 创业计划要符合当地实际

要对项目是否适合本地进行分析研究，在拟定创业计划的时候，做到心中有数、符合实际，创业计划要切实可行，能够实施。

2. 创业计划要量力而行

要根据自己的财力、物力、技术、特长、管理能力等因素，综合考虑创业计划。要从小做起，不要把摊子铺得过大。要脚踏实地，一步一个脚印地把自己的事业发展壮大。

3. 创业内容要有行业特色

一般农民都能创业的领域，尽量不要涉及，否则，不会有理想的效益。创业要有特色，有科技含量，有创新，否则，就不会长久，或者赚不到钱。

4. 创业形式要选择恰当

可以选择加入农民合作社、农业协会或注册创办有限责任农业企业等。这些创业形式不仅能解决农民不懂生产技术、没有生产本钱、市场开拓能力缺乏等难题，而且能保障农民作为经营主体与大市场对接，是实现农业产业化、真正带动农民致富的有效途径之一。同时，还可以通过成员间共担风险、共享利润的经济合作形式，使农民的经济活动取得尽可能高的效益，又能保留农民在其创业项目运行中的自主性质。

第二节　评判创业计划的可行性

当创业者已经激发起创业的勇气、找准了创业的项目、拥有了创业的资金、制订了创业的计划时，是否就可以动手创业了呢？一般来说，具备了这些条件还不够，还有一个重要的环节需要我们去完成。也就是说，创业计划方案制订后，不能马上实施，必须对创业计划的可行性进行充分评判。

一、计划的可行性

如何评估你的创业计划是否可行？尽管你现在有机会创业，你的动机不错，想法也很棒，但是基于市场经济能力或家庭等因素的考虑，现在也许不是你创业的好时机。

创业必须有相当的竞争力，而且只有你自己才能决定怎么做最恰当。成事不易，创业更难。选择创业这条路，自然而然地你会憧憬成功的景象，而不会想到万一失败的问题——因为一开始就想到失败，未免太消极，也太不吉利了。然而，往坏处打算尽管令人不愉快，却是创业之初应该考虑清楚的。当你确定自己适合创业后，你不必急着马上走上创业这条路，还必须先评估一下你的创业计划是否可行。

1. 你能否用语言清晰地描述出你的创业构想

你应该能用很少的文字将你的想法描述出来。根据成功者的

经验，不能将这种想法变成自己的语言的原因大概也是一个警告——你还没有仔细地思考吧。

2. 你真正了解自己所从事的行业吗

许多行业都要求选用从事过这个行业的人，并对其行业内的方方面面有所了解。否则，你就得花费很多时间和精力去调查诸如价格、销售、管理费用、行业标准、竞争优势，等等。

3. 你看到过别人使用过这种方法吗

一般来说，一些经营红火的公司经营方法比那些特殊的想法更具有现实性。在有经验的企业家中流行这样一句名言："还没有被实施的好主意往往可能实施不了。"

4. 你的想法经得起时间考验吗

当未来的企业家的某项计划真正得以实施时，他会感到由衷的兴奋。但过了1周、1个月甚至半年之后，将是什么情况？它还那么令人兴奋吗？或已经有了完全不同的另外一个想法来代替它。

5. 你的设想是为自己还是为别人

你是否打算在今后5年或更长的时间内，全身心地投入到这个计划的实施中去？

6. 你有没有一个好的网络

开始办企业的过程，实际上就是一个组织诸如供应商、承包商、咨询专家、雇员的过程。为了找到合适的人选，你应该有一个服务于你的个人关系网。否则，你有可能陷入不可靠的人或滥竽充数的人之中。

7. 明白什么是潜在的回报

每个人投资创业，其最主要的目的就是赚最多的钱。可是，在尽快致富的设想中隐含的绝不仅仅是钱。你还要考虑成就感、爱、价值感等潜在的回报。如果没有意识到这一点，就必须重新考虑你的计划。

如果条件发生变化，即使是最有效的创业计划也会变得过时，保持对公司、行业及市场的敏感性很重要，如果这些变化可能影响到创业计划，创业者应该确定如何修改计划。通过这种方式，创业者可以保证目标的实现，并保证企业在成功的道路上前进。

二、预算的科学性

创业资金预算是否科学，决定了以后创业是否能够得到可靠的资金保障。资金预算要对创办企业所需要的全部资金进行分析、比较、量化，制订出资金需求和分阶段使用计划。

要做到农业创业项目资金需求的科学预算，首先要了解该农业创业项目的农产品成本或服务核算成本。不同的项目有不同的成本，但所有产品成本或服务成本都有两种类型的成本，即直接成本和间接成本。直接成本主要包括直接材料成本和直接人工成本；间接成本是为了经营企业而支出的所有其他成本，如房租、水电费、土地使用费、银行利息等。

1. 种植企业成本核算

直接成本：种子、种苗、肥料、地膜、农药、水、生产过程中机械作业所发生的费用、生产人员工资等。

间接成本：土地使用费、管理人员工资、燃料费、折旧费、广告费、招待费、电话费、保险费、办公费用、银行利息等。

2. 养殖企业成本核算

直接成本：饲料、燃料、动力、畜禽医药费、水、畜禽幼仔费、养殖人员工资等。

间接成本：租金、管理人员工资、折旧费、广告费、招待费、电话费、保险费、办公费用、银行利息等。

3. 农资、农机经营企业资金计算办法

直接材料成本：因该类型企业不直接生产产品，购买商品进

行转售就是农资、农机经营企业的直接材料成本。

直接人工成本：该类型企业没有从事产品生产的员工，因此，所有员工的成本都是间接成本。

间接成本：例如，电费、电话费等。对于农资、农机经营企业而言，间接成本是企业除了用于商品进行转售的成本以外的其他全部成本。

三、企业的生存性

判断企业是否具有生存性，可以从下面的问题考虑。

1. 你有决心和能力创办你的企业吗

你已经汇集了大量有关新企业的信息。现在你要真实地面对自己，再次考虑你是否做好了开办和管理这个企业的准备。

2. 你的企业能否赢利

你的销售和成本计划反映了企业开办第一年该生产的利润。前几个月可能没有赢利，但往后就应当有，如果生意仍然亏损或者利润很薄，请考虑以下提示。

（1）销量能不能提高？

（2）销售价格有没有提高的余地？

（3）哪些成本最高？有没有可能降低这些成本？

（4）能否靠减少库存或降低原材料的浪费来降低成本？

企业的收益起码要能够支付你的工资，给自己定的工资报酬应该和你投入企业的时间、你的能力和所负担的责任相称，它等于你雇别人来做你的工作时该付的工资。除了你的工资之外，你的投资还应带来利润回报。

3. 你有没有足够的资金来办企业

你的现金流量表显示了企业现金收入和支出的动态。你要有足够的现金去支付到期的账单。即使企业有销售收入，但如果周转资金不足，企业也会倒闭。

如果你的现金流量表显示某个月份里现金短缺，你要采取措施。

（1）减少赊销额，加快现金回笼。

（2）采购便宜的替代品或原料，减少材料消耗来降低当月的成本。

（3）要求供应商延长你的付款期限。

（4）要求银行延长贷款期，或降低每月偿还的本息。

（5）推迟添置新设备。

（6）租用或贷款购买设备。

4. 请人帮你审核你的创业计划

一般来说有以下几种方法。

（1）专家论证。在有条件的情况下，要请几位本地区的专家对创业计划进行充分论证，找出计划中的不足，多找计划书中的毛病，多提反对意见，从而进一步完善计划。请专家论证虽然会增加一些论证费用，但得到的回报会远远超出花费。投资额超过 50 万元以上的项目，最好要召开论证会，多请一些同行专家参加，一次论证不满意，经过修改后再论证，直到满意为止。

（2）多方咨询。寻求有丰富经验的律师、会计师、熟悉相关政策的政府官员、专业咨询家的帮助是非常必要的。例如，向行业管理部门进行咨询，他们对你所准备从事创业的行业有总体上的认识和把握，具备一般人不能具备的预测能力，能够通过行业的优劣特点、行业的市场状况、行业的竞争对手、行业的法律约束等方面的分析给予帮助。他们的建议有时能让你的创业计划书更加完美。

（3）风险评估。创业的风险不能低估，要充分了解同行的效益情况，要预测市场的变化，要充分估计到如果产品卖不出去怎么办、行业不景气怎么办，还要包括季节气候的变化、竞争对手的强弱、客源是否稳定等情况。这些风险对创业者而言极为严

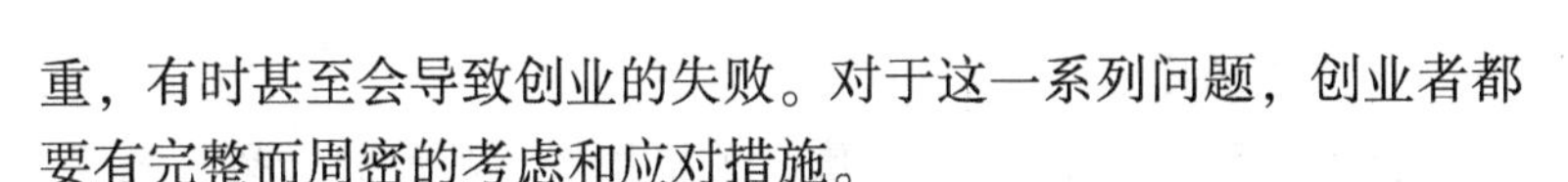

重，有时甚至会导致创业的失败。对于这一系列问题，创业者都要有完整而周密的考虑和应对措施。

你的创业计划是一份很重要的文件，它为你提供一个在纸面上而不是在现实中测试你所构思的企业项目的机会。如果创业计划表明你的构思不好，你就要放弃它，这样就能避免时间、金钱和精力的浪费。所以，先做一份创业计划很有必要，此间，应向尽可能多的人征求意见。

你要反复审阅创业计划的内容，直到满意为止。创业计划是要交给一些关键人物看的，例如，潜在的投资者、合伙人或贷款机构，你得仔细斟酌，以便准确地向他们传递他们所需要的信息。

【专栏】

创业计划书参考样本

第一章　项目摘要

一、项目介绍

贵德县是青海农业大县，国家级商品粮生产基地，素有“青海小江南”之称，近几年来，由于加大推介力度，已成为青海省知名旅游景点区，当地政府着力打造贵德高效农业品牌，坚持把“特色、绿色、无公害、反季节”农产品基地建设作为农业产业结构调整的突破口，把开发无公害蔬菜选定为先导性发展产业，符合旅游—无公害农业—环境保护一条龙循环经济格局理念和解决“三农”问题宗旨。所以，本公司在国家支农、惠农大背景下利用得天独厚的地理优势和气候条件，在短期和长期并举，建成占地100亩现代农业设施观光园和100亩露天蔬菜种植基地。

二、项目主营业务与产品

种植无公害蔬果（草莓、西瓜），出售无公害蔬果、零售种子、农药和农膜。

三、项目技术

土壤的测量，肥力，pH 值。种植技术。品种的选择。采收，清洗（干净水，计划井水），包装。

第二章　公司概况

一、公司简介

公司是响应政府的解决“三农”问题的号召，根据我国的国情，紧密结合贵德县的地方特色发展与繁荣农村经济而建立的。公司在立足于现有的各项农业发展的基础上，建立满足当今人们需求的节约、高效、安全、环保的有机新型农业，同时，建立特色农产品基地及相关服务部门。

农产品基地主要包括设施特色农业的种植以及附带性的部门，如种子、农药销售等。依据此，公司规划创办的两家实体，分别是种子和农药销售公司和农业基地。公司重视近期目标与远期策略的结合，在风险意识为底线的前提下，追求在稳定、平衡中发展，利润平稳的渐进式增长。本着以解决农村转移剩余劳动力，规划合理地方特色的农业经济发展结构，适应当今人们对农产品的特别要求，逐步提高农民的生活水平，增加收入。

三、公司发展理念

以科学的思想去发展，以反季节蔬果为优势，以绿色农业为导向。引进新品种，提高单位产量和品质。机械化操作程度提高，耕作机械化，灌溉机械化，育苗科学化，施肥科学化，喷药科学化。

三、公司运行模式

按照产权清晰，责权分明，科学管理，激励和约束相结合的现代化企业要求，实行总经理负责制，下设生产管理、经营管理两大部门。

第三章　创业目标

规划建设节能日光温室 20 栋，占地 50 亩和租赁 100 亩露天

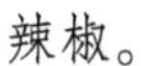

辣椒。

一、先期目标（第一年至第二年）

(1) 在河阴镇郭拉村生态园区租赁10栋温棚（租赁期为4年），种植无公害草莓。

(2) 建立品牌，并注册商标。

(3) 购置运输车辆和耕作机械

二、中期目标（第三年至第四年）

(1) 租赁土地50亩，建设10栋温棚和基本基础设施（第三年）。

种植规模：10栋草莓、10栋甘蓝和西瓜，在未搭建温棚的25亩的土地种植露天辣椒。

(2) 建立种子和农药销售公司、完成剩余10栋温棚建设和剩余基础设施（道路、房屋、绿化）建设（第四年）。

种植规模：20栋草莓、10栋甘蓝和西瓜（第四年）。

三、后期目标

租赁200亩土地，种植露天辣椒100亩，建成100亩的现代化设施农业观光园。

第四章　组织结构与分工

一、公司分工

姓名	性别	出生日期	工作状况	担任职务	主要职责
××A	男	80.9	贵德县城东村村主任助理	总经理	负责全面工作与产品技术保障工作的同时，对项目进行总体设计、生产、管理和经营
××B	男	79.5	西宁市科盛信息系统工程监理有限公司总经理	财务部、电子商务经理	负责财务管理和市场推广管理

（续表）

姓名	性别	出生日期	工作状况	担任职务	主要职责
××C	女	88.5	青海民族大学	人力资源部经理	负责对农产品的安全、公司后勤保障和人员培训
××D	男	80.3	西宁市煜展公司汽修技工	销售部经理	负责产品市场推广和销售策划
××E	男	81.4	西宁市儿童医院见习医生	总经理助理	负责办公室日常工作和生产

二、公司组成结构

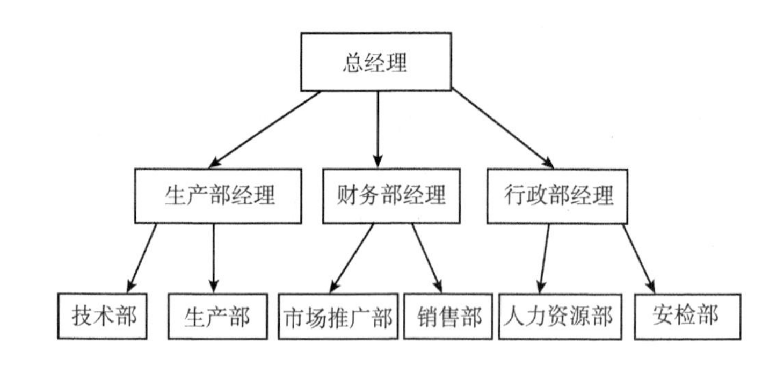

第五章　种植基地概况

一、地理位置及区域范围

地处青海省东南部贵德县，东经100°58′8″~101°47′50″，北纬35°29′45″~36°23′35″。东西宽63.4千米，南北长90.6千米。距省会西宁市112千米，海南藏族自治州府恰卜恰158千米。黄河自西向东横穿县境，东邻循化、化隆县，西接共和县，北靠湟中县，全县总面积3 700平方千米。境内平均海拔2 200米，最高海拔5 011米，项目区海拔2 210米。

二、自然资源状况

地处青海东部农业生产条件最好的地区，属高原干旱大陆性气候，海拔2 200米，太阳辐射强，日照时间长，光照充足，昼夜温差大。年平均气温7.2℃，最暖月平均气温19℃，最冷月平均气温-4℃，年日照时数2 904小时，太阳总辐射量626千焦/厘米^2，年降水量252毫米，雨季集中在7—9月，空气相对湿度56%，平均气压为775毫巴，最大冻土深度124厘米，无霜期166天。

种植区土壤为多年农作物生长的灌淤土和腐殖土，土壤以灌耕栗钙土为主，土种为黑麻土和黄麻土，土层深厚，腐殖质层在30厘米左右，表层有机质含量为2.54%。0~20厘米土壤含氮0.15%，碱解氮72毫克/千克，速效磷4.0毫克/千克，速效钾25毫克/千克，土壤肥力高，耕性适宜，适种性广，保水、保肥性能好，土壤、水、肥、气协调，是该地区的主要高产稳产区，完全适宜果品蔬菜和其他农作物生长。

种植区水源主要为黄河水，境内流程78.8千米，完全可满足农耕地的灌溉用水需求。

三、种植地点

地点选择在贵德县河阴镇郭拉村生态园区附近，近邻西久公路，交通便利。地势平坦开阔，气候温暖，土壤为沙壤土，灌溉便利，适宜发展无公害蔬果科技示范基地。

第六章　项目优势

一、政策优势

《政府工作报告——青海省第十一届人民代表大会第三次会议上省长骆惠宁》摘要：不断夯实“三农”发展基础。加大统筹城乡发展力度，积极转变农牧业发展方式，推进传统农牧业现代化农牧业转型。加速发展高原特色农牧业，大力实施河湟地区特色农牧业发展规划和“百里长廊”建设，集中连片推进加强设施农牧业。

二、无公害蔬果生产优势

项目区地处青海东部农业生产条件最好的地区，绝对海拔高，太阳辐射强，日照时间长，光照充足，昼夜温差大，这使产区病虫害较少，瓜果含糖量高，蔬菜品质好，能生产出优质的农产品。最冷月平均气温-4℃，年日照时数2 904小时，太阳总辐射量626千焦/厘米^2，最大冻土深度124厘米，无霜期166天，具有河谷暖流和盆地小气候，可四季露天、温棚生产果蔬。该地区土壤肥力高，耕性适宜，保水、保肥性能好，土壤、水、肥、气协调，是农作物高产稳产区，完全适宜蔬菜和其他农作物生长，是农作物高产稳产区，完全适宜蔬菜和其他农作物生长，尤其反季节生产产品品质好和最理想的无公害蔬菜生产用地。

三、基础设施优势

(1) 交通运输。南北方向有宁果公路，距离省会西宁112千米，距离果洛大武200多千米，东西方向有沿黄公路，西通海南，东通黄南、海东等地区，交通十分便利，近期有几项交通工程完工后，交通更为便捷。

(2) 水利。水利条件极为方便，基地距离西河2千米，有现成配套灌溉设施，保证全年随时用水，供水充足，水量、水质能保证灌溉要求，冬季渠道停水，温室灌溉可依靠机井供水和滴灌、微灌的灌溉方式。

(3) 环境。由于地处黄河上游的无工业区，水质、空气、土壤等无污染，气候冷暖适宜，条件优越。

四、成本优势

随着拉脊山隧道的开通，依靠良好的种植基础和自然资源优势以及价格低廉的劳动力，生产的无公害蔬菜运输距离短、价廉质优，与省外蔬菜相比具有一定的价格优势。

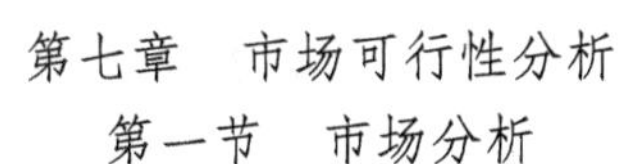

第七章 市场可行性分析

第一节 市场分析

一、产品市场供求现状

从目前看，西宁市蔬菜市场冬春季节的蔬菜供应主要靠外地调入，本地近年来虽建造一些节能型日光温室，使蔬菜生产规模不断扩大，但冬春季供给能力远远不能满足消费者的需要和总量不能满足市场需要，供需矛盾依然十分突出，无公害蔬菜供应更是短缺。

二、产品市场前景分析

(1) 随着西宁市和本地经济的快速发展以及人民生活水平的日益提高，县城居民对蔬菜提出了越来越高的要求，人们要求吃上净菜、无公害蔬菜的呼声越来越高，目前许多先进地区已将蔬菜产品质量的高低作为衡量该地区生活水平的一项标准。在贵德县建立无公害标准化设施果蔬种植基地，引进优、新果蔬品种，实现果蔬的标准化无公害生产，必将丰富和活跃当地和西宁市等地的果蔬市场，满足人民日益增长的高水平生活需要，前景十分广阔。

(2) 近几年来，由于县委、县政府加大推介力度和旅游业的开发力度，已成为青海省知名旅游景点区，来贵德旅游的人数逐年增加，对无公害蔬果和禽肉的需求量也相应地增加。

三、产品的市场竞争优势分析

省内优势：春季西宁市新鲜果品草莓、礼品西瓜、油桃、大樱桃等断档无产品时间段，青海省果蔬设施种植区，贵德县升温最快，气温最高，这类瓜果能实现上市最早，也是价格最高之时，但设施果品的种植在贵德处于起步阶段，尚需大力开发，从目前市场看，这一时段西宁市供求空白，有很大的发展空间和很大的利润空间。

第二节　市场风险分析

一、市场风险

(1) 市场供求情况风险。市场对蔬菜的需求不断变化，如果不能适应市场的需求变化，及时种植畅销品种，将会影响蔬菜的销售。

(2) 蔬菜上市时间的控制风险。蔬菜的销售季节性较强，虽然生产反季节无公害蔬菜为主，不能避开集中上市时间同样会影响经济效益。

二、防范和降低风险对策

防范风险的对策主要有风险回避、风险控制和风险转移。

(1) 防范市场供求情况风险的对策。通过建立电子商务平台的联系，按照市场需求组织生产，不盲目跟风，坚持优势特色品种，有计划地实施蔬菜种植，进一步提高产市场占有率。

(2) 防范产品品牌优势风险的对策。制定自己的品牌战略，加强对产品品牌的宣传，树立良好的品牌形象，可以通过多种媒体组合策略加强广告宣传。

第八章　营销策略

一、产品策略

种植基地突出有机、绿色、无公害蔬果和体验式农业观光游，同时，保证蔬果品质，建立品牌。

二、产品定价策略

通过调查市场供求关系，合理调整产品价格，实施动态管理；及时采取应对竞争对手的降价策略，始终保有价格优势；不断推出新的产品，加大对产品的广告宣传，提高知名度。

三、销售渠道策略

销售渠道：蔬果直接进入蔬果批发市场、学校、饭店，保证蔬果的新鲜、绿色。同时，建立种植基地电子商务平台，推广订单销售，引领消费者进入园区体验式农业观光游。

第三节　创业企业的设立

创业企业的类型有多种，这里主要介绍几种初级创业者常用的典型类型。

一、个体工商户

1. 设立条件

有经营能力的城镇待业人员、农村村民及国家政策允许的其他人员，可以申请从事个体工商业经营；申请人要有与经营项目相应的资金（自行申报，没有最低限额）、经营场所、经营能力和业务技术。

2. 设立程序

第一，办理名称预先登记。领取填写《名称（变更）预先核准申请书》，同时，准备相关申报材料；递交《名称（变更）预先核准申请书》，等待名称核准结果；领取《企业名称预先核准通知书》《个体工商户开业登记申请书》；根据工商行政管理局印制的《企业登记许可项目目录》规定核定要求，办理审批手续。

第二，全面递交申报材料，符合规定后等候领取《准予行政许可决定书》。

第三，领取《准予行政许可决定书》，按照要求到工商局交费领取营业执照，依法经营。

二、个人独资企业

1. 设立条件

投资人为一个自然人；有合法的企业名称；有投资人申报的出资额（无最低限额要求）；有必要的从业人员；有固定的生产

经营场所和必要的生产经营条件。

2. 设立程序

第一，领取填写《名称（变更）预先核准申请书》《指定（委托）书》，同时，准备相关申报材料。

第二，递交《名称（变更）预先核准申请书》，等待名称核准结果。

第三，领取《企业名称预先核准通知书》《企业设立登记申请书》；根据工商行政管理局印制的《企业登记许可项目目录》规定核定要求，办理审批手续。

第四，全面递交申报材料，符合规定后等候领取《准予行政许可决定书》。

第五，领取《准予行政许可决定书》，根据要求到工商局交费领取营业执照，依法经营。

三、合伙企业

1. 设立条件

有 2 个以上合伙人；有书面合伙协议；有合伙企业的名称、经营场所、合伙经营条件；有各合伙人认缴或实际缴付的出资（合伙企业资金没有最低限额要求）；合伙人应当具备完全民事行为能力和法律、行政法规规定的其他条件要求。

2. 设立程序

第一，领取填写《名称（变更）预先核准申请书》《指定（委托）书》，同时，准备相关申报材料。

第二，递交《名称（变更）预先核准申请书》，等待名称核准结果。

第三，领取《企业名称预先核准通知书》《企业设立登记申请书》；根据工商行政管理局印制的《企业登记许可项目目录》规定核定要求，办理审批手续。

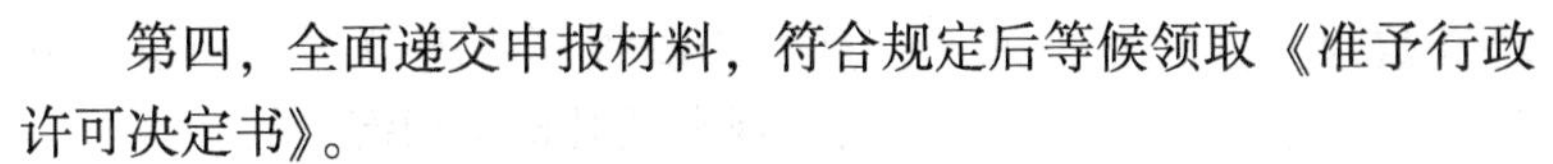

第四，全面递交申报材料，符合规定后等候领取《准予行政许可决定书》。

第五，领取《准予行政许可决定书》，根据要求到工商局交费领取营业执照，依法经营。

四、农民专业合作社

农民专业合作社是在农村家庭承包经营基础上，同类农产品的生产经营者或者同类农业生产经营服务的提供者、利用者，自愿联合、民主管理的互助性经济组织。

1. 设立条件

设立农民专业合作社，应当具备下列条件。

（1）有5名以上符合农民专业合作社法第十四条、第十五条规定的成员。农民专业合作社法第十四条规定："具有民事行为能力的公民以及从事与农民专业合作社业务直接有关的生产经营活动的企业、事业单位或者社会团体，能够利用农民专业合作社提供的服务，承认并遵守农民专业合作社章程，履行章程规定的入社手续的，可以成为农民专业合作社的成员。但是，具有管理公共事务职能的单位不得加入农民专业合作社。农民专业合作社应当制备成员名册，并报登记机关。"

农民专业合作社法第十五条规定："农民专业合作社的成员中，农民至少应当占成员总数的80%。成员总数20人以下的，可以有一个企业、事业单位或者社会团体成员；成员总数超过20人的，企业、事业单位和社会团体成员不得超过成员总数的50%。"

（2）有符合农民专业合作社法规定的章程。农民专业合作社章程应当载明下列事项：名称和住所；业务范围；成员资格及入社、退社和除名；成员的权利和义务；组织机构及其产生办法、职权、任期、议事规则；成员的出资方式、出资额；财务管理和盈余分配、亏损处理；章程修改程序；解散事由和清算办法；公告事项及发布方式；需要规定的其他事项等。

(3) 有符合农民专业合作社法规定的组织机构。主要机构有农民专业合作社成员大会、理事会、监事会。

农民专业合作社设理事长一名，可以设理事会。理事长为本社的法定代表人。

农民专业合作社可以设执行监事或者监事会。理事长、理事、经理和财务会计人员不得兼任监事。

农民专业合作社成员大会由全体成员组成，是本社的权力机构，确定章程、财务、利益分配、重要人事安排等事项。理事长、理事、执行监事或者监事会成员，由成员大会从本社成员中选举产生，对成员大会负责。

理事会会议、监事会会议的表决，实行1人1票。

农民专业合作社的理事长、理事、经理不得兼任业务性质相同的其他农民专业合作社的理事长、理事、监事、经理。

执行与农民专业合作社业务有关公务的人员，不得担任农民专业合作社的理事长、理事、监事、经理或者财务会计人员。

设立执行监事或者监事会的农民专业合作社，由执行监事或者监事会负责对本社的财务进行内部审计，审计结果应当向成员大会报告。成员大会也可以委托审计机构对本社的财务进行审计。

(4) 有符合法律、行政法规规定的名称和章程确定的住所。

(5) 有符合章程规定的成员出资。

2. 设立程序

(1) 提交报批材料。《农民专业合作社登记管理条例》第十一条规定：申请设立农民专业合作社，应当由全体设立人指定的代表或者委托的代理人向登记机关提交下列文件：设立登记申请书；全体设立人签名、盖章的设立大会纪要；全体设立人签名、

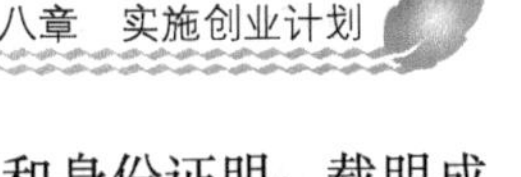

盖章的章程；法定代表人、理事的任职文件和身份证明；载明成员的姓名或者名称、出资方式、出资额以及成员出资总额，并经全体出资成员签名、盖章予以确认的出资清单；载明成员的姓名或者名称、公民身份证号码或者登记证书号码和住所的成员名册以及成员身份证明；能够证明农民专业合作社对其住所享有使用权的住所使用证明；全体设立人指定代表或者委托代理人的证明。

农民专业合作社的业务范围有属于法律、行政法规或者国务院规定在登记前须经批准的项目的，应当提交有关批准文件。

（2）核批。《农民专业合作社登记管理条例》第十六条规定：申请人提交的登记申请材料齐全，符合法定形式，登记机关能够当场登记的，应予当场登记，发给营业执照。

除前款规定情形外，登记机关应当自受理申请之日起 20 日内，做出是否登记的决定。予以登记的，发给营业执照；不予登记的，应当给予书面答复，并说明理由。

3. 扶持政策

《中华人民共和国农民专业合作社法》规定如下。

（1）国家支持发展农业和农村经济的建设项目，可以委托和安排有条件的有关农民专业合作社实施。

（2）中央和地方财政应当分别安排资金，支持农民专业合作社开展信息、培训、农产品质量标准与认证、农业生产基础设施建设、市场营销和技术推广等服务。对民族地区、边远地区和贫困地区的农民专业合作社和生产国家与社会急需的重要农产品的农民专业合作社给予优先扶持。

（3）国家政策性金融机构应当采取多种形式，为农民专业合作社提供多渠道的资金支持。具体支持政策由国务院规定。

国家鼓励商业性金融机构采取多种形式，为农民专业合作社提供金融服务。

（4）农民专业合作社享受国家规定的对农业生产、加工、流通、服务和其他涉农经济活动相应的税收优惠。

支持农民专业合作社发展的其他税收优惠政策，由国务院规定。

五、有限责任公司

有限责任公司是指根据《中华人民共和国公司登记管理条例》规定登记注册，由50个以下的股东出资设立，每个股东以其所认缴的出资额对公司承担有限责任，公司以其全部资产对其债务承担责任的经济组织。有限责任公司包括国有独资公司及其他有限责任公司。

1. 设立条件

《中华人民共和国公司法》规定设立有限责任公司，应当具备下列条件。

（1）股东符合法定人数。《中华人民共和国公司法》规定有限责任公司由50个以下股东共同出资设立。

（2）股东出资达到法定资本最低限额。《公司法》规定有限责任公司的注册资本为在公司登记机关登记的全体股东认缴的出资额。公司全体股东的首次出资额不得低于注册资本的20%，也不得低于法定的注册资本最低限额，其余部分由股东自公司成立之日起2年内缴足；其中，投资公司可以在5年内缴足。

有限责任公司注册资本的最低限额为人民币3万元。法律、行政法规对有限责任公司注册资本的最低限额有较高规定的，从其规定。

（3）股东共同制定公司章程。《中华人民共和国公司法》规定有限责任公司章程应当载明下列事项：公司名称和住所；公司经营范围；公司注册资本；股东的姓名或者名称；股东的出资方式、出资额和出资时间；公司的机构及其产生办法、职权、议事规则；公司法定代表人；股东会会议认为需要规定的其他事项。

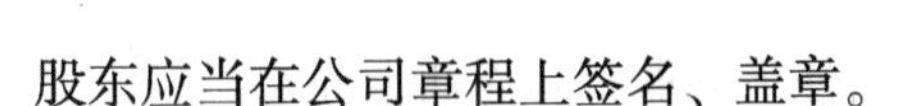

股东应当在公司章程上签名、盖章。

(4) 有公司名称，建立符合有限责任公司要求的组织机构——有限责任公司股东会。有限责任公司股东会由全体股东组成。股东会是公司的权力机构，依照公司法行使下列职权：决定公司的经营方针和投资计划；选举和更换非由职工代表担任的董事、监事，决定有关董事、监事的报酬事项；审议批准董事会的报告；审议批准监事会或者监事的报告；审议批准公司的年度财务预算方案、决算方案；审议批准公司的利润分配方案和弥补亏损方案；对公司增加或者减少注册资本作出决议；对发行公司债券作出决议；对公司合并、分立、解散、清算或者变更公司形式作出决议；修改公司章程；公司章程规定的其他职权。对前款所列事项股东以书面形式一致表示同意的，可以不召开股东会会议，直接作出决定，并由全体股东在决定文件上签名、盖章。

有限责任公司设立董事会的，股东会会议由董事会召集，董事长主持；董事长不能履行职务或者不履行职务的，由副董事长主持；副董事长不能履行职务或者不履行职务的，由半数以上董事共同推举一名董事主持。有限责任公司不设董事会的，股东会会议由执行董事召集和主持。董事会或者执行董事不能履行或者不履行召集股东会会议职责的，由监事会或者不设监事会的公司的监事召集和主持；监事会或者监事不召集和主持的，代表1/10以上表决权的股东可以自行召集和主持。

有限责任公司设董事会。除法律另有规定的以外，其成员为3～13人。董事会可以设董事长1人、副董事长若干名。董事长、副董事长的产生办法由公司章程规定。董事任期由公司章程规定，但每届任期不得超过3年。董事任期届满，可连选连任。董事任期届满未及时改选，或者董事在任期内辞职导致董事会成员低于法定人数的，在改选出的董事就任前，原董事仍应当依照法律、行政法规和公司章程的规定，履行董事职务。

董事会对股东会负责，行使下列职权：召集股东会会议，并向股东会报告工作；执行股东会的决议；决定公司的经营计划和投资方案；制订公司的年度财务预算方案、决算方案；制订公司的利润分配方案和弥补亏损方案；制订公司增加或者减少注册资本以及发行公司债券的方案；制订公司合并、分立、解散或者变更公司形式的方案；决定公司内部管理机构的设置；决定聘任或者解聘公司经理及其报酬事项，并根据经理的提名决定聘任或者解聘公司副经理、财务负责人及其报酬事项；制定公司的基本管理制度；公司章程规定的其他职权。

董事会会议由董事长召集和主持；董事长不能履行职务或者不履行职务的，由副董事长召集和主持；副董事长不能履行职务或者不履行职务的，由半数以上董事共同推举 1 名董事召集和主持。

有限责任公司可以设经理，由董事会决定聘任或者解聘。经理对董事会负责，行使下列职权：主持公司的生产经营管理工作，组织实施董事会决议；组织实施公司年度经营计划和投资方案；拟订公司内部管理机构设置方案；拟订公司的基本管理制度；制定公司的具体规章；提请聘任或者解聘公司副经理、财务负责人；决定聘任或者解聘除应由董事会决定聘任或者解聘以外的负责管理人员；董事会授予的其他职权。公司章程对经理职权另有规定的，从其规定。经理列席董事会会议。

股东人数较少或者规模较小的有限责任公司，可以设一名执行董事，不设董事会。执行董事可以兼任公司经理。执行董事的职权由公司章程规定。

有限责任公司设监事会。监事会成员不得少于 3 人，设主席 1 人，由全体监事过半数选举产生。监事会主席召集和主持监事会会议；监事会主席不能履行职务或者不履行职务的，由半数以上监事共同推举 1 名监事召集和主持监事会会议。股东人数较少或者规模较小的有限责任公司，可以设 1~2 名监事，不设监事会。监事会应当包括股东代表和适当比例的公司职工代表，其中，职工代表的比例不得低于 1/3，具体比例由公司章程规定。监事会中的职工代表由公司职工通过职工代表大会、职工大会或者其他形式民主选举产生。监事的任期每届为 3 年。监事任期届满，可连选连任。董事、高级管理人员不得兼任监事。

监事会、不设监事会的公司的监事行使下列职权：检查公司财务；对董事、高级管理人员执行公司职务的行为进行监督，对违反法律、行政法规、公司章程或者股东会决议的董事、高级管理人员提出罢免的建议；当董事、高级管理人员的行为损害公司的利益时，要求董事、高级管理人员予以纠正；提议召开临时股东会会议，在董事会不履行本法规定的召集和主持股东会会议职责时召集和主持股东会会议；向股东会会议提出提案；依照《公司法》第一百五十二条的规定，对董事、高级管理人员提起诉讼；公司章程规定的其他职权。

监事可以列席董事会会议，并对董事会决议事项提出质询或者建议。监事会、不设监事会的公司的监事发现公司经营情况异常，可以进行调查；必要时，可以聘请会计师事务所等协助其工作，费用由公司承担。监事会应当对所议事项的决定做成会议记录，出席会议的监事应当在会议记录上签名。

(5) 有固定的生产经营场所和必要的生产经营条件。

2. 设立程序

(1) 领表。申请人凭《企业名称预先核准通知书》向登记机关领取《公司设立登记申请书》，按表格要求填写。

(2) 提交材料。申请有限责任公司设立，须提交材料、证件：公司董事长签署的设立登记申请书；全体股东指定的股东代表或者共同委托代理人的委托书及其代表或（代理人）的身份证明；公司章程；会计师事务所或审计师事务务所出具的验资证明，同时提交企业（公司）注册资本（金）入资专用存款账号余额通知书；股东的法人资格证明；载明公司董事、监事、经理姓名、住所的文件以有关委派、选举或者聘任的证明；公司法定代表人任职文件和身份证明；《企业名称预先核准通知书》；公司住所证明；法律、行政法规规定必须报经审批的，还应提交有关部门的批准文件。登记机关要求提交的其他文件、证件。

（3）受理审查。申请人提交材料后，领取编有号码的《工商企业（公司）申请登记受理收据》。登记机关从受理之日起30天内作出核准决定。

（4）领照《企业法人营业执照》。公司登记申请被核准后，由公司的法定代表人凭《工商企业（公司）申请登记受理收据》领取《企业法人营业执照》。其他后续手续还有凭营业执照到公安局指定的刻章社，刻公章、财务章；办理企业组织机构代码证；银行开基本户；领取执照后，30日内到当地税务局申请领取税务登记证；申请领购发票等。当然公司类型不同和地方要求不同可能手续也有所不同，手续齐备后，才能正式开业。

第四节　控制生产成本

控制生产成本是企业根据一定时期成本管理目标，由成本控制主体在其职权范围内，在生产耗费发生以前和成本发生过程中，对各种影响成本的因素和条件采取的一系列预防和调节措施，实现成本降低和成本管理目标的管理行为。企业成本水平的高低直接决定着企业产品盈利能力的大小和竞争能力的强弱。控制成本、节约费用、降低物耗，对于企业具有重要意义。

一、生产成本控制的原则

1. 领导重视原则

“历览前贤国与家，成由勤俭败由奢”。企业收益，一靠产出多，二靠开支少。产生费用的方面多、项目多，控制不好，浪费得就多，企业运行成本就大。必须引起高度重视。领导要站在战略的高度，抓好落实，成本就能得以有效控制。

2. 全员参与原则

成本控制是全体工作人员的工作任务之一，着眼“一滴水、一张纸、一度电”，从点滴做起。营造节约光荣、浪费可耻的氛围。全员参与，人人有责。

3. 经济性原则

经济性原则指因推行成本控制而发生的成本，应少于因缺少控制而丧失的收益。

4. 因地制宜原则

成本控制要根据特定企业类型、岗位部门的要求，分析项目成本费用产生特点，制定有企业特色，有部门特点、项目特点、费用特点的成本控制方案，有效实施成本控制。

二、生产成本管理的方法

成本控制的方法有多种，这里主要指常用和有效的管理方法。

1. 目标成本管理

目标成本管理的基本思想就是以市场可能接受的产品销售价格减去合理利润和税金后所能允许发生成本的最大限额为依据，制订可行的成本目标，在产品生产准备前下达给技术、生产等职能部门，通过进行环节和费用项目分析，研究费用控制途径，制定费用控制措施和方案，并加以落实实施，最终实现成本目标，达到成本控制的目的。

2. 作业成本管理

作业成本管理的基本思想就是理清企业的作业项目总量，将企业消耗的所有资源费用按照一定的方法准确计入作业项目，再将作业项目成本按照一定方法分配成本计算对象（产品或服务）的一种成本计算方法。作业成本管理将作业作为成本计算的核心和基本对象，全部作业的成本总和构成产品成本或服务成本，是实际耗用企业资源成本的累计。

3. 责任成本管理

责任成本管理的基本思想就是将企业划分为负责成本管理的若干责任单位或个人，由责任单位或责任人管理负责所承担的责任范围内所发生的各种耗费。具体操作是按照企业管理系统，将成本管理责任落实到各部门、各单位和具体执行人，由责任单位或责任人分析成本项目，落实成本责任，实施成本有效控制。

4. 标准成本管理

标准成本管理的基本思想就是研究制定标准成本，分析实际成本与标准成本差异，制定成本差异部分的解决措施。标准成本管理以产品成本为研究对象，将成本计划、成本核算、成本控制融为一体，突出成本的系统控制，及时揭示成本差异，明确职责分析和控制产生的各种差异，通过改进管理，降低消耗，实施有效成本控制。

三、生产成本降低的策略

降低企业的成本就是要在企业的生产过程中，节省一切不必要的开支。把每一分钱都用到必须用的地方。一般说来，降低生产成本的策略包括下列方面。

1. 制度的制定与落实

企业的生存和发展是有很大难度的。要想使企业发展顺利，应该建立一套相应的管理制度，特别是财务制度，从制度上杜绝一切不必要的成本。制度制订之后，还要在一定范围内进行学习，从而更好地促进制度的落实。

2. 设备改进与科技更新

对生产上的一些高耗能、低效率、污染重的落后设备进行有计划地淘汰，同时，引进相应的低耗能、高效率、无污染的设备。企业设备的完好率与正常生产率也是一个值得重视的指标。这就需要企业有一支技术过硬的设备检修与保养队伍，要求他们不仅技术过硬，还要有责任心，出勤率高，才能够达到这样的效果。同时，还要注意引进一些实用的高新科技，利用高新科技生产出优质产品，并促进企业的整体效率提高。

3. 加强教育，树立勤俭办企业的精神

应该对创业队伍加强勤俭办企业精神的教育，并把这样的要求落实到创业的方方面面。理想的状态是所有的创业队伍人员都应该有这样一个概念："该花的钱就花，不该花的钱一分也不能花"。那种企业不是我的，垮了与我没关系的思想在企业内部不能够有市场。对于有这种思想的人，应该予以批评，并在制度上予以限制。

4. 违规现象的惩罚效应

在企业的创业过程中，因为各种原因，会有一些违规现象出现。如何处理这种现象，也事关企业生存与发展。按照制度管事、制度管人的原则，对于违反相应制度的人和事，应该按照制度的要求，进行相应的批评、赔偿、处罚。这是因为，一次不处理，就会以后产生更多的违规现象，其影响也会越来越大，直到无法收摊。"小洞不补，大洞吃虎"的意思就是这样。

此外，创业者还要通过生产实践观察，对那些在经济上过不了关的人要慎重使用，特别是经济上不能够委以重任，避免产生不必要的损失。

第五节　管控创业的进程

一、做好准备工作

1. 认真研究政府政策环境和项目特点

要充分收集认真研读国家关于创业项目的有关政策规定，利用好有关该项目在土地、资金、税收、物质奖励等方面的扶持优惠政策，避开国家在某些层面的不利限制，利用政府营造的优良外部环境，争取有利的发展空间，为企业创造乘势而上的创业氛围。同时，要充分了解项目实施遇到的困难和问题，未雨绸缪，计划越周密、准备工作越细致，工作进展越顺利，就会形成良好的开局，为成功创业打下良好基础，做好扎实铺垫。

2. 做好项目审批工作

项目审批前要研究审批的内容和程序，做好审批工作要求的各方面准备工作。要制定项目实施方案和项目创业计划书。只有按照预先方案要求，做好充分的准备，才能做到有计划、有步骤，工作开展才能有条不紊，事半功倍。

3. 做好开工准备

项目进入审批阶段，已经是弓在弦上，进入操作阶段将迫在眉睫，需要着手考虑厂房、设施设备、原材料、资金、劳动力、技术人员、销售人员、管理团队等，要根据时间节点和工作的陆续展开，各方面要整装待发，不断到位，确保各项工作的有序推进。

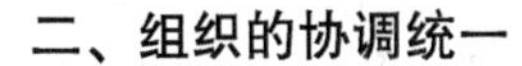

二、组织的协调统一

1. 政令统一，信息高效

团队建设的基本点是要号令统一，政令出多口，就会众口不一，下属就会无所适从，不知该干什么，不知如何干。这与军团作战一样，对于同一个士兵群体，如果一个将军让向东进攻，另一个将军让向西进攻，面对强大的敌人，士兵就会不知所措，乱作一团，结果肯定会一败涂地。同样，企业生产单位如果面临多头领导指挥，就会造成令出多头，指挥失灵。因此，组织领导的科学分工、协调一致对企业发展尤为重要。不仅内部要做到如此，对外联络也要保持高度一致，实行对口管理，才不至于造成对外政策的矛盾不一。同时，要保证团队的高效运转，必须建立信息快捷的沟通渠道，保证日常工作处于良性工作状态和遇到突发事时作出快捷反应。

2. 各部门的沟通配合

创业初期刚进入工作阶段，难免各部门对自己工作职责不清，人与人工作协调性也处于高度磨合的状态，再加上各项制度建立也刚刚起步，肯定有不完善的地方，这就会造成各部门工作协调有缺口、有漏洞情况发生，要不断巡查各方面工作运转的状态，发现问题，及时明确责任，不断完善工作职责，做到无缝隙对接。同时，加强团队教育，树立主人翁意识，要做到不越位、会补位，增强大局意识，提高团队作战思想，加强沟通协调配合，增强凝聚力和战斗力。

3. 加强系统的测试和监控，及时总结与反馈

企业要加强运行状态的测试和监控，不仅要考核工作能力、责任心，还要监测团队协调配合的情况。要不断总结工作中取得的成绩和存在的问题，对典型案例要举一反三。对于有积极表现的要采取一定的方式予以奖励，对于做法欠妥的行为也要给予一

定的警示。让大家牢记责任、能力和团队协调配合对企业的重要意义。当然，鼓励或警示要根据不同情况，采用不同的策略，不要造成适得其反的效果。

三、良好的试运营

试运营是对团队的重要考验，不仅对于领导是考验，对一般工作人员也是如此。因为大家是刚刚组合在一起的同事，而且还要把一些生产要素整合在一起，完成一项新的工作任务，这是一项全新的挑战。正如一台刚刚组装的机器，能不能正常运转，全靠看开始启动时，对各部件的功能不断进行调整，使成为能够协调配合的整体，经过一定时间的验证，如果运行平稳，才能合格使用。创业初期，领导团队工作压力最大，要时刻关注生产经营各方面的运行动态，不断调整部门功能，直至形成良好的工作运行状态，工作才能走上正轨；否则，起跑不好，与对手竞争开始就处于不利的状态，工作局面就很被动，甚至可能被淘汰。

四、重视营销

一个企业成败关键看产品销售。它是企业发展的生命线，任何企业都要高度重视营销工作。刚刚创业的企业更是如此，良好的开端是成功的一半，如何开好局，起好步，建立一支素质优良的营销团队和销售网络对于企业发展至关重要。当然，营销业绩是多方面的，最终考验企业的综合实力。但对于创业初期，营销策略更是重要的一环。往往良好的营销开端，会让创业项目搭乘高速运行的列车。

五、不断提高团队能力

企业良好的生产经营运营状态，必然有素质优良的战斗团队。要注意提高各方面人才的能力，不断适应企业发展的变化。

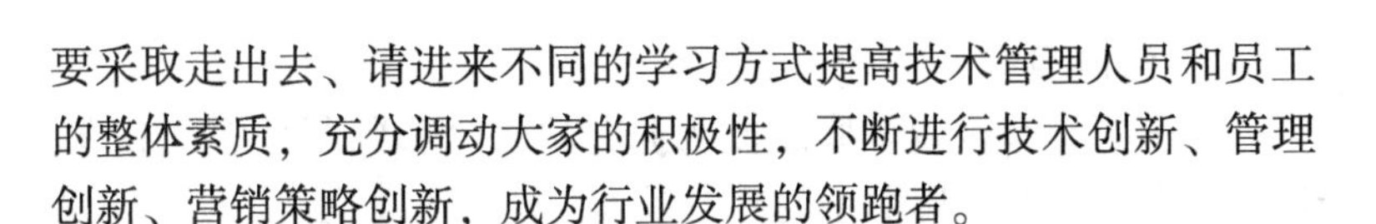

要采取走出去、请进来不同的学习方式提高技术管理人员和员工的整体素质，充分调动大家的积极性，不断进行技术创新、管理创新、营销策略创新，成为行业发展的领跑者。

第六节　创建企业文化体系

创业者要在创业的行业中独树一帜，必须精心打造企业的文化。文化是一个非常广泛的概念。确切地说，文化是凝结在物质之中又游离于物质之外的，能够被传承的国家或民族的历史、地理、风土人情、传统习俗、生活方式、文学艺术、行为规范、思维方式、价值观念等，是人类进行交流、普遍认可、能够传承的意识形态。

作为一个企业，要求从业者能够尽心尽力为企业生存发展贡献力量，并产生其归属感；要让从业者将贡献与自身的发展紧紧相连，达到同舟共济。农业企业不仅仅是生产农产品，还具有博大精深的农耕文化。企业文化是指企业在生产经营过程中，经过企业领导者长期倡导和员工长期实践所形成的具有本企业特色的、为企业成员普遍认同和遵守的价值观念、信仰、态度、行为准则、道德规范、传统及习惯的总和。优秀的企业文化不是自然生成的，其功能的充分发挥有待于精心培育和长期建设。企业文化建设是一项长期的系统工程，因为企业文化是由物质文化、制度文化和精神文化构成的，所以，企业文化体系创建的内容也围绕这 3 个方面展开。

一、精神文化的创建

精神文化是企业文化的深层内容，是企业文化的核心所在。精神文化的创建主要是培植企业的价值观念和企业精神，形成企业特有的文化理念。精神文化创建的内容如下。

1. 价值观念

价值观念是企业全体成员所拥有的信念和判断是非的标准，以及调节行为与人际关系的导向系统，是企业文化的核心。对企业而言，价值观为企业生存和发展提供了基本方向和行动指南。它的基本特征有3个方面：一是调节性。企业价值观以鲜明的感召力和强烈的凝聚力，有效地协调、组合、规范影响和调整企业的各种实践活动。二是判断性。企业价值观一旦成为固定的思维模式，就会对现实事物和社会生活作出好坏优劣的衡量评判。三是驱动性。企业价值观可以持久地促使企业去追求某种价值目标，这种由强烈的欲望所形成的内在驱动力，往往构成推动企业行为的动力机制和激励机制。

2. 企业精神

企业精神是广大员工在长期的生产经营活动中逐步形成的，并经过企业家有意识的概括、提炼而得到确立的思想成果和精神力量。它是企业优良传统的结晶，是企业全体员工共同具有的精神状态、思想境界。企业精神一般是以高度概括的语言精练而成的。塑造企业精神，主要是对思想境界提出要求，强调人的主观能动性。它是企业在长期的经营活动中，在企业哲学、价值观念、道德规范的影响下形成的。如奉献精神、创业精神、主人翁意识等。它代表着全体员工的心愿，催人奋进，形成强大的凝聚力量。

3. 企业经营哲学

企业经营哲学实际上是企业在生产经营管理过程中的全部行为的根本指导思想，是企业领导者对企业发展战略和经营策略的哲学思考，是企业人格化的基础，是企业的灵魂和精神中枢。一个企业制订什么样的目标，培养什么样的精神，弘扬什么样的道德规范，坚持什么样的价值标准，都必须以企业经营哲学为理论基础。

4. 企业道德

企业道德是企业共同的行为规范和准则，是企业价值观发挥功能的必然结果。它由善与恶、公与私、正义与非正义、诚实与虚伪、效率与公平等道德范畴为标准来评价企业和员工的行为，并调整其内外关系。它一方面通过舆论和教育的方式，影响职工的心理和意识；另一方面，又通过舆论、习惯、规章制度等形式成为约束企业和员工行为的准则。它的功能和机制是从社会伦理学角度出发的，是企业的法规和制度的必要补充。

二、制度文化的创建

企业的制度文化一般包括企业法规、企业的经营制度和企业的管理制度。在企业文化创建的过程中，必然涉及与企业有关的法律和法规、企业的经营体制和企业的管理制度等问题。企业文化的法律形态体现了社会大文化对企业的制约和影响，反映了企业制度文化的共性。企业文化的组织形态和管理形态体现了企业各自的经营管理特色，反映了企业文化制度的个性。

1. 企业法规

企业法规是调整国家与企业，以及企业在生产经营或服务性活动中所发生的经济关系的法律规范的总称。不同国家的企业法规都是以国家的性质、社会制度和文化传统为基础制定的，对本国的企业文化建设有着巨大的影响和制约作用。企业法规作为制度文化的法律形态，为企业确定了明确的行为规范，是依法管理企业的重要依据和保障。

2. 企业的经营制度

企业的经营制度是通过划分生产权和经营权，在不改变所有权的情况下，强化企业的经营责任，促进竞争，提高企业经济效益的一种经营责任制度，是企业制度文化的组织形态。

3. 企业的管理制度和习俗仪式

一般来说，企业法规和企业经营制度影响和制约着企业文化发展的总趋势，但同时也促使不同企业的文化朝着个性化的方向发展，但真正制约和影响企业文化差异性的原因是企业内部的管理制度、习俗仪式。企业管理制度是企业内部按照组织程序正式制定成文的规章和规定，如人事制度、奖惩制度等，规范则可以是成文的，也可以是约定俗成的，如道德规范、行为规范等。制度规范是企业文化的组织保障体系。在制度规范的约束下每个组织成员能够确切地掌握行为评判的准则，并以此自动约束、修正自身行为。习俗仪式也是企业制度文化建设的内容之一。包括企业内部带有普遍性和程式化的各种风俗、习惯、传统、典礼仪式、集体活动、娱乐方式等。与制度规范相比，习俗仪式带有明显的动态性质，经常通过各种活动和日常的例行仪式表现出来，例如，举办公司庆典、例行的仪式和活动等。

三、物质文化的创建

物质文化是企业内部的物质条件和企业向社会提供的物质成果。物质文化是企业文化的物质表现和凝结。就企业性质而言，企业文化如果仅限于价值观念、企业精神、习俗仪式等意识形态方面，是极不完整的，只有将精神、意识形态的文化转化为职工的热情和创造力，生产出能够体现价值和理想追求的物质产品才能形成完全意义上的企业文化。物质文化创建的主要内容如下。

1. 产品文化价值的创造

产品文化价值包括有形产品和无形服务，如产品的品质、特色、外观、包装、服务等。企业在物质文化建设过程中，要运用各种文化艺术和技术美学手段，作用于产品的设计和促销活动，使产品的物质功能与精神功能达到统一，使顾客得到满意的产品和服务，从而提高产品和企业的竞争能力。

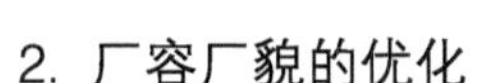

2. 厂容厂貌的优化

企业的造型、建筑风格、厂区和生活区的绿化美化、车间和办公室的设计和布置方式等要能体现企业的个性化，它是企业文化建设的重要内容。良好的环境能促使员工有效地提高工作效率。

3. 企业物质技术基础的优化

企业的设备、厂房、工作场地的物质技术条件直接对员工的工作心态产生影响。同等生产技术条件下，搞好企业生产生活环境与条件的优化改造可以调整员工的工作情绪，提高工作效率。企业在文化建设过程中，要加强智力投资和对企业物质技术基础的改造，使企业物质技术水平得到不断提高。

物质文化能为企业成员营造赖以生存和发展的环境和条件，对内，可以促使职工为追求理想目标和自身价值的实现而更好地工作、学习，求得自身的全面发展；对外，充分展示企业的突出形象，积累和扩张企业的无形资产，使企业在市场竞争中赢得优势。

第九章　创新创业案例

一、稻田养殖小龙虾

龙湾镇科技示范户魏承林家门前停下了一辆崭新的小皮卡车，引得左邻右舍来看热闹。魏承林笑哈哈地说，马上要到收虾旺季，买皮卡是为了方便到张金的承包基地运虾。

魏承林告诉记者，除了在黄桥村有60亩虾稻田外，2013年下半年又在张金镇承包了270亩地，使其虾稻共作总面积达到330亩，年纯收入过百万元。

1. 无心插柳，捕鱼捞虾发现商机

魏承林是龙湾镇黄桥村二组人，因家里人多地少，守着10多亩薄田，生活捉襟见肘。为改变家里的现状，魏承林在2000年前后先后建起了养鸡场、养猪场，与此同时，他经常下河捕鱼补贴家用。就是这偶尔的捕鱼，让头脑活络的魏承林发掘了潜在市场，也改变了这位普通农民的人生。

原来，魏承林捕鱼时，经常捕到大小不一的小龙虾。当时，规格大的小龙虾每500克可以卖3~4元钱，小的则仅卖0.3元钱。他盘算自家有一口面积1亩的小鱼塘，如果将捕捞的小虾投放到鱼塘喂养大后出售，可以增值不少。

于是，从2004年初夏开始，他将捕捞的小虾放到鱼塘里，当年出售，小龙虾居然卖了2 000多元，在当时这是一笔不小的收入。无心插柳的举动激发了他专心养虾的劲头。他了解到积玉口镇稻田养虾的生意做得风生水起，便专程去求教。回到黄桥村

后，他彻底关闭了养猪场，用自家承包地和本组村民交换的60亩冷浸田，进行了一番改造，开始种稻养虾，投放的虾苗全部是自己从沟渠中捕捞的。当年，魏承林出售稻谷和小龙虾获得了近10万元的收入。

第二年，邻居们见他经常用摩托车拖虾出去，回来手里总是有上千元的收入，一年轻轻松松可赚上10万元，意识到光靠种田发不了财，连原来对养虾不屑一顾的村民李德金、黄东等人也专程登门向魏承林请教。

如今，黄桥村二组43户农户，家家都开挖虾池进行稻田养虾，附近竺场村、冻青垸村、熊口镇等村村民也纷纷效仿。据魏承林粗略估计，目前，黄桥村周边稻田养虾农户已有150余户。

2. 眼光高远，科学种养效益倍增

魏承林虽然仅有初中文化，但他肯学习，善于钻研新技术。经过多年的摸爬滚打，掌握了一整套成熟的稻田养虾技术。每次市里组织的小龙虾养殖技术以及新型职业农民培育等培训，他一次也不落下。通过参加培训，开阔了眼界，也让他深切感受到"科技就是生产力"。

在参加市农业农村部门组织的小龙虾养殖学习考察时，魏承林发现自己养殖的小龙虾亩产量在100千克左右，而有的养殖户亩产达200千克。经过参观交流，他发现高产的养殖户采用了"虾稻共作"新技术，而自己还是墨守成规沿袭"虾稻连作"模式。回去后，他很快对60亩虾稻田进行改进采用"虾稻共作"，使小龙虾产量亩产提高到200千克。

魏承林算了一笔账，他当年的小龙虾的产量达到1.2万千克，销售收入31.2万元。亩产值5 200元，纯收入达24万元，亩平纯收入4 000元。

除了在养殖技术上下功夫外，魏承林还在节约开支上动脑筋。为降低成本，他自己配制养虾饲料。投喂小龙虾的动物性饲料开始采用的是螺蛳、蚌及价格相对低廉的白鲢、野杂鱼等，后来发现有人用猪肺加工养殖黑鱼，从中得到启发。于是从2013年开始，他在淡季赴河南双汇公司采购猪肺，在熊口管理区租下冷库存放加工，用猪肺做动物性饵料喂养小龙虾，仅此一项可节约饲料开支近2万元。

二、圆梦养鸡场

在隆昌县龙市镇大牌坊村的村道旁，有一片很不起眼的砖混结构建筑，这就是罗兵玉、曾丽夫妇共同打造的“助农养鸡场”。这个养鸡场不仅是隆昌县菜篮子工程示范基地之一，还是隆昌县最大的规模化蛋鸡、肉鸡养殖基地。

2005年，罗兵玉和曾丽带着务工挣得的40万元积蓄回到隆昌县，盘下了亲戚在隆昌县金鹅街道罗星村建设的1 000平方米的蛋鸡养殖场及其配套设施，开始了人生的第一次自主创业生涯。但是由于各种原因，尽管夫妻俩竭力打拼，收获却不尽如人意。

2012年，夫妻俩回到老家——龙市镇大牌坊村，租下了当地农户1.3公顷土地，再次建起了一个占地5 000平方米，融饲养蛋鸡、鸽子鸡和成年土鸡为一体的综合养殖场及其配套设施。截至2014年，鸡场存栏蛋鸡3万多只，出售鲜鸡蛋700多吨；销售土鸡苗6万余只；销售优质散养成鸡8 000余只；产值达700余万元，实现利润近100万元。夫妻俩创业实现了人生的第一次飞跃。

曾丽常说：“一人致富不算富，一群人甚至更多人富才算富”。为了使更多的农民也能像他们夫妇一样通过勤劳的双手致富，夫妇俩于2014年成立了“助农养鸡场”家庭农场，帮助周边农民发展养鸡事业，并半价向老弱病残的农户提供鸡苗，兼送药、送料和送技术。

为使曾丽的成功经验能够得到“复制”，夫妻俩还参加了当

地政府发起的产业联合扶贫计划，到全县各乡镇为贫困户发放土鸡苗，并悉心讲授养殖技术。仅两年时间他们就免费向贫困户发放了土鸡苗2万多只。

2014年年底曾丽参加了隆昌县新型职业农民培训，2015年又参加了四川省青年农场主培训。通过培训平台，夫妻俩开阔了眼界、增长了见识、结识了朋友、拓宽了人脉，并迎来了养鸡事业的新起点。2015年鸡场的发展形势一片大好，效益直线上升。

由于鸡场不购买工厂加工饲料养殖鸡群，而是自行从市场购买优质、无黄曲霉污染的粮食进行加工配制，使鸡群能够健康成长，蛋鸡产蛋多、重量大，土鸡肉质鲜美。特别是鸡场的副产物——鸡粪也出现了供不应求的局面，不仅供应本地的种植大户，连云南、贵州等省地的香蕉种植大户也前来购买。

2016年，曾丽还获得了内江市“三八红旗手”称号。如今，夫妇俩筹建的养鸡专业合作社，已发展社员109户，期望通过合作社的成立，让更多的农民分享他们的成功经验，为更多的农户提供优质服务，与广大农民一起抱团发展。

下一步，他们还计划将养殖场向中高端发展，除了稳定现有规模的蛋鸡、鸽子鸡和成年土鸡的养殖外，还增加养殖红（粉）壳、绿壳蛋鸡，以满足消费者的不同需求。同时，还将建设一个鸡粪加工厂和一个500亩规模的种、养、加生态循环种植园，为美丽乡村建设添砖加瓦。

三、打造农业伊甸园

孝感城边澴河西，在通往孝南区陡岗镇镇区的公路边，有条复兴河。在复兴河与澴河间，有陡岗镇朝阳、袁湖村的平坦农田。

承租这片农田中的2 000亩土地作为核心区，湖北香润公司的经济版图，向北在孝昌县周巷镇承租山场2万亩，向南在澴河下游孝南区卧龙乡府河段承租河滩地 4 000 亩。

这是一个美好的构想：香润公司的核心区，交通便捷、水源充沛、田地规整，农业生产环境“相对封闭”。以 5~8 年的时间打好基础，吴斌决意要以自己的“亲身试水”，趟出一条新型职业农民之路，也要将这里打造成现代农业的田园综合体。

1. 怀揣梦想来种田，没想到“一脚呛水”

吴斌从事农业，有难以割舍的情怀。因为，他父亲早年毕业于华中农学院，是孝感县（后来的孝南区）农业局高级农艺师，一辈子与农业打交道。童年吴斌，跟农业科技工作者“混”得很熟，并且与香稻育种的高级农艺师汤俭民，结下深厚友谊。

求学深造，参加工作。吴斌成为一名法律工作者，后来，从事职业律师 20 余年，在北京和广州等城市有自己的律师事务所，事业颇有成就。

走南闯北多少年，接受新概念、新思想、新模式的濡染，真心想为家乡作出一点贡献的夙愿，就是要以新理念，开拓出一片继承了优秀农耕文明却不同于过往的农业家园。他认为，让农业强、农民富、农村美，需要有实践者；他不相信，农业就一定是“弱质产业”。

经过充分实地考察和论证，2013 年夏秋，吴斌离京回到家乡签下合同，在朝阳、袁湖村流转土地共 1 000 多亩，土地流转费每亩每年 800 元，开始了香润生态农业科技公司的创业。

当时，让马铃薯成为粮食中的一种主导产品，是农业生产的一个风向标。更有深层次的原因，通过种植马铃薯以改良土壤，也是为公司生产基地“打基础、管长远”的一项工作。

一系列基础性工作进行中，划出 600 亩土地种植马铃薯，是当年农业生产的安排。谁知，天有不测风云。2014 年春夏之交南寒北高的气温，使马铃薯从南到北梯次成熟的生长期发生改变，其结果，马铃薯市场价每 500 克 0.5~0.6 元钱，请农民工从

地里把马铃薯挖起来、整理好的工钱，也是每500克0.5~0.6元钱。吴斌他们带回的250多万元资金，花得差不多了，却没有1分钱的盈利。

是就此收手，还是继续前进？吴斌卖掉了北京市的一处房产，拿回了500多万元的资金，再次投入生产基地的开发建设。他要让公司团队和村民理解，吴斌回乡投资农业，绝不是“一锤子买卖”。

随后，扩大流转土地规模、承租山场和河滩滩地，目的就是稳固公司基础，开发公司新的经济增长点。

2. 推进香稻产业化，不经意收获“黄毛粘”

种植马铃薯，“栽了跟头”，而稻谷的生产，却在顺利进行。市供销社和孝南区、陡岗镇党委政府支持香润公司的建设发展，村民们对吴斌铁心农业的举动，也看在眼里、记在心里。区农业局作出决定，请汤俭民担任香润公司的科技特派员。

几十年来一心扑在水稻育种事业上的汤俭民，已培育获得省、部级认定的香稻品种18种。利用香润公司得天独厚的生产环境，促进香稻生产的产业化；通过提高农产品品质，走品牌农业之路；他们，志同道合。

早、中、晚香稻按规划种植，公司还为汤俭民划定了一片香稻栽培的试验田。2014年年初，汤俭民拿出珍藏的200多粒“黄毛粘”种子，告诉吴斌，“黄毛粘，两头尖，一人吃饭两人添”，曾经是家喻户晓的湖北民谚。但在20世纪60年代，因其产量过低，被高产水稻所替代。可是，农科所一直保留着“黄毛粘”的繁衍。

“黄毛粘”在香润公司生产基地繁育，又带到海南加代繁育。2016年，香润公司种植提纯复壮后的“黄毛粘”200多亩。有专家悉心指导，生产中全程使用绿肥、有机肥；病虫防治，也坚持物理方法和生物防治。当年，孝感遭受历史罕见的洪灾，香润公司生产基地也长时间浸泡在水中，损失惨重，但一定收获量的“黄毛粘”，挽救了危局。

2017年1月17日，湖北日报在其《“舌尖上的供给侧”系列报道》中，首篇以《“黄毛粘”又回来了!》的长篇报道，报道了香润公司恢复“黄毛粘”生产的过程、“黄毛粘”深受市场青睐的情景。

香稻以及“黄毛粘”的规模化生产，为深化农业供给侧结构性改革，提供了实例。香润公司正稳步行走在希望的田野上。

3. 打造农业伊甸园，就这样成了职业农民

农业生产，是长线生产。这要有耐得住寂寞的韧劲，也要有“种田如绣花”的投入。

从改良土壤、用水、环境入手，提高农产品品质，坚持清洁生产的过程中，怎样从无公害生产到绿色生产，再到有机生产?香润公司与农业部门合作，接受第三方评估，从2014年开始，持续进行3年农业生产的有机转换期认证。

停止化肥、农药的使用，大面积种植紫云英，以此推进绿肥和有机肥的使用；植保和田管，采用人工除草；病虫害防治，取用生物方法和物理方法。目的，就在于还农业生产的一片净土。

制定香润有机香稻、有机香米的生产技术规范，2015年6月获得省有关部门的评审通过。标准化生产，纳入到香润公司农业生产的全过程。

注册“孝香润”“大董孝”和“吴稻长”香稻和香米商标，同时，成立水稻生产合作社、农机合作社，生产经营的组织方式，不断得到优化。

推广“私人定制”。每亩田2年共交纳一定的定制费，每年由香润公司提供250千克香米，并精加工、精包装送到客户手中。另外，凡参与“私人定制”者，都可成为“大董孝”香米的董事，每亩可获得500股原始股。短短时间内，“私人定制”

的农田，销售一空。

导入“互联网+”，香润公司建设微信平台、电脑用户终端和移动用户终端，并实行三网融合，对孝感城区实行线上和线下的“同城配送”，单是在孝感高新区的一些大型企业，每月配送的香米，就超过5万千克。同时，公司建成“开心农场”，免费向社会提供耕种地块，从而推进公司农旅结合型生产基地的建设步伐。

把核心区建成样板区和示范区，香润公司现已建成托管区2万亩，并逐步建设其周边乡镇的发展区。其中，公司核心区今年种植香稻早稻150亩（且已安排复种）、中稻400多亩，“黄毛粘”500多亩。

目前，香润公司有员工20余人，常年聘用农民工6人，农忙季节用工高峰期，日用工200多人。公司从来不拖欠农民工工资，也从来不拖欠土地流转费，为当地农民创造了就业机会，增加了收入。

从律师到农民，如今的吴斌，已是一位经营管理现代农业生产的“老把式”，在业内也被大家亲切地称之为“吴稻长”。

在朝阳村和袁湖村，吴斌和村民们打得火热。村民中哪家有红白喜事，只要他知道了，他都会上门表达心意。他热心公益事业，以公益岗位的形式，为两名年老体弱的原村干部提供就业机会，看望和救助特困农户，慰问留守儿童。同时，近年来，公司提供香米慰问驻孝部队、环卫工人和部分企业，为陡岗镇福利院捐款。

目前，孝感香稻已列入大别山革命老区经济振兴计划。“大董孝”香米，获2016年武汉农博会金奖，“黄毛粘”2017年2月获得湖北省十大名优农产品。公司被命名为国家现代农业示范区湖北香润示范基地，先后被中华全国供销合作总社授予农民专业合作社示范社，被中国科协、国家财政部授予全国科普惠农兴村先进单位。孝感香稻，已在全国各地销售，并推广到老挝、柬埔寨等东南亚国家种植。

四、张单英：种植藏红花致富

“我是农民的孩子，也是一名农村党员，我生在农村，长在农村，要让家乡的土地长出金子来，带领村民致富……”余江县杨溪乡江背村妇女主任张单英指着道路两旁绿油油的稻田，自信满满地说。这1 000多亩稻田都是她从村民手中流转过来的，正在田间施肥的村民也是她就近请来的。

在当地村民眼中，这位身材娇小的女人，其实蕴藏着大大的能量，她带头致富并带领群众一起致富，生动诠释了一名党员就是一面旗帜，农村党员致富能手在脱贫攻坚中充分体现了示范引领作用。

1. 时刻想着那些需要帮助的困难群众

张单英是土生土长的余江县杨溪乡江背人。经过10年打拼，白手起家的她在福建省晋江市办起了服装加工厂。异乡的成功并没有留住张单英的心，回乡创业，成了张单英坚定的选择。

按照福建省的经验，张单英把自己厂子里的一部分业务转移到老家，带着乡亲们一起做服装加工。但由于内地和沿海的地域差异，业务并不好做，加上金融风暴袭来，让她彻底终止了家乡的服装加工业，返乡第一次创业就这样失败了。困惑中，张单英开始反思，她意识到回乡创业不是简单的复制，但二次创业之路在哪里呢？

2010年，在市妇联的关心下，张单英参加了华东地区女经纪人培训班。在那里，她聆听了10多位致富能手的经验介绍，感触颇深，特别是“全国十大农民女状元”“全国三八红旗手”“全国城乡妇女建功十大标兵”浙江秋梅食品有限公司董事长潘秋梅的创业经历深深地打动了她，也让她萌生了“立足土地发展

农业种植业”的创业思路。她有一个梦想，就是让人们吃上放心的米、放心的菜、放心的药材。说干就干，回家后，她积极筹备，并于2013年3月正式注册成立了余江县富昌水稻种植专业合作社，先后与杨溪、潢溪、坞桥等乡镇的456户农民签订了土地1 358亩、荒山500亩的流转承租合同，当年就解决了150余名农村劳动力就业，使他们每月增收1 500余元。

为了丰富自己的创业知识，张单英如饥似渴地学习新知识。她先后参加了华东地区农产品女经纪人培训班、全国巾帼现代农业科技致富带头人培训班、全国无公害农产品内检员培训班的学习；2014年，她参加了由农业部管理干部学院组织的新型职业农民教育培训班学习，在北京大学参加了江西省优秀女企业家高级研修班学习，同年7月参加了全国妇联新型职业女农民培训班学习，获得优秀学员等证书。

2. 她开创江西省种植藏红花先河

为了创新耕作方式，提高土地经济效益，实现科学种田，她敢为人先，大胆引进新品种。2012年11月，她深入了解藏红花的药用价值和经济价值。藏红花能利用耕田空闲时栽种、利用农村闲置房屋培育，实现土地一年三季种植，有效改良土壤结构。于是，她计划自费到浙江省学习引进藏红花培育技术，试验藏红花与水稻轮作示范基地建设项目20亩，资金预算达50余万元。她的丈夫一听连连摇头说：“不行，不行，江西没人种过，藏红花习性娇弱，技术要求太高，太冒险了，我们现在不愁吃，不愁穿，没必要那么辛苦。”生性倔强的张单英还是说服了丈夫，毅然投身到培育藏红花的项目中去。

张单英先后3次来到浙江省，全身心地学习浙江人的创业精神和农业开发经验。2013年11月，她利用本村稻田试种20亩藏红花，到了年底，接连两场大雪，藏红花种苗长出的嫩叶全部冻烂了。她的心彻底凉了，心里特别害怕，因为浙江省种苗种植基地不会下雪。雪融化后，张单英急切地挖出种苗赶赴浙江省请教，热心的技术顾问也前来实地察看，考察后当技术顾问告诉她藏红花没有受冰雪伤害，她如释重负，心里才踏实。藏红花从2013年11月下田栽种，到2014年5月移至室内培育，室内培育温度湿度掌控技术要求严格，按张单英的话说，培育藏红花比她培育儿子还愁心。2014年11月，张单英栽培的藏红花开出了美丽的蓝紫花朵，满屋散发着特异芳香，张单英舒心地笑了，她成功了。

她开创了江西省内首家种植藏红花之先河，实现了平均每亩获得净收入18 660元，同时，实现农民劳动报酬每亩达1万元的惊人业绩。仅此一项便获利20余万元。

藏红花试种成功后，面对纷纷前来求教种植技术的乡亲们，她总是毫不保留地将技术传授给他们，提供种苗，并让技术员指导他们栽种，还把技术要点编印成册，免费发放给乡亲们，同时，采取吸纳贫困户入股、务工就业等形式，带动30户贫困户致富增收。

2013年11月，张单英带着自己种植的藏红花来到在南昌举办的第三届低碳生态经济大会暨第七届中国绿色食品博览会上，省委书记强卫参观展览时，在听完张单英介绍试种藏红花成功后，赞赏地说："你是敢吃螃蟹的女人，了不起!"

2014年3月，她还奔赴广西学习引进了桂林菜葛种植技术，成功栽种了5万株，2014年11月也喜获丰收，实现了净收入17.5万元，同时，实现女农民劳动报酬10余万元。

"全国巾帼现代农业科技致富带头人""全国三八红旗手""鹰潭市农村科技致富女能手"……张单英凭着自己坚韧不拔的毅力和闯劲，成为远近闻名的女能人。下一步，她计划投资500万元建设融生态农业与旅游休闲于一体的观光绿色农庄，项目运营后又将带动周边100多名村民就业。

五、办好农机合作社

近年来，随着农业机械化水平的快速提高，农业生产方式实现了人畜力为主向机械作业为主的历史性转变。农机购置补贴政策的深入实施和农机社会化服务的全面展开，有效地扶持和促进了农机专业合作社等各类农机服务组织的发展壮大。

涡阳农机校新型职业农民学员崔艳，初中毕业后就外出务工，深知打工的辛苦，在外打拼几年后，决定回家自己创业，并成功创办了涡阳县兴旺农机专业合作社和兴旺蔬菜种植专业合作社，2015 年升级为市级专业合作社和省级蔬菜标准园，成为当地一位名副其实的致富带头人。

万事开头难。创业初始，因为缺乏经验，再加上资金欠缺，合作社经营一度亏损，许多社员对她失去了信心，并有部分社员退社。面对压力，崔艳并未气馁，也没有退却，而是毅然决然地到外地学习取经，高薪聘请专业技术人员上门指导，增加银行贷款，并寻求所在镇党委政府的帮助。经过前后不懈的努力和改进措施，合作社的经营情况渐渐好转起来，并在一年后出现少许盈利，合作社前景呈现一片曙光。

截至 2016 年 9 月底，合作社成功引进农机新技术 5 项，推行土壤深翻深松面积 5 000 余亩，开展农机生产技术培训会、现场示范演示活动等 50 多次，受训人数 600 多人次，印发生产技术规程手册 1 000 多册，各种技术要点 1 200 份；在经营种植方面，合作社突出无公害蔬菜种植理念，建成了 400 多亩绿色蔬菜基地，推广农业种植实验绿色蔬菜 6 种，进行无公害蔬菜种植面积 300 余亩，引进美国薄皮核桃、栽种无公害西瓜等优质农作物种植面积 600 余亩；2015 年又引进洋葱标准化种植 50 亩，并取得了 2016 年洋葱种植亩产 6 500 千克的佳绩。这种多种经营、突出高效优质、吸纳引进高新种植技术的模式，极大地促进了当地新农业的种植和发展，提高了农民收入，使合作社会员人均收入由2013年的10 200多元增长到2016年的15 100多元，赢得了全体会员的认同和支持，成功地发挥了合作社带头人的作用。

几年来，崔艳的合作社充分利用和发挥本地区位优势，大力发展新型农机耕作蔬菜产业，实行规模机械化生产，提高种植水平，扩大蔬菜种植面积，建立美国薄皮核桃示范种植基地400亩，培训人才100余人，并以此被评为2014年县级示范合作社和2015年市级专业合作社，吸纳会员150余户，流转土地1 300余亩，惠及农民1 500人，并进一步带领广大农民会员向现代农业、观光农业迈进。

六、用无人机喷洒农药

王伟驰2015年9月从法国留学回国，偶然机会看到电视上关于农业植保机（一种用于农业领域如喷洒农药的无人机）的介绍，让他萌发了在这个领域创业的念头。

在法国留学时，他注意到欧美国家农业机械化程度很高，农业植保机的使用率也比较高，而在我国目前的农业生产过程中，农业植保施药仍然以人工或半机械化操作为主，对劳动力的需求大，也极易引起中毒事件；他坚信新型农业植保无人机在农业领域大有可为。相关统计数据显示，2015年全国植保无人机保有量达2 324架（31个省统计，不含港、澳、台地区），总作业面积达1 152.8万亩次；而2014年这两个数字还仅仅是695架、426万亩，同比增长分别是234%、170.6%；预计未来几年，植保无人机继续保持旺盛的增长势头。

王伟驰特地去无人机生产聚集地——深圳、珠海，考察了一下植保机的情况。经过3个月的考察和调研，王伟驰决定在在家乡——四川省成都成立成都市众翼达科技有限公司。在他看来，四川省是全国农业大省，不仅有小麦、油菜等粮食作物，还有茶

叶、水果等作物，由于气候原因，四川省当地一年至少有 8 个月需要喷洒农药（从开春到10月），植保机的可用范围更广、可用时长更长。

一开始，他花了 5 万元尝试性购入一台植保机，加上电池、充电箱、意外保险等配件，共投入 7 万元。植保机最普遍的应用就是喷洒农药。最初，王伟驰和创业伙伴们挨家挨户向农民进行推广，但由于农民的观念一般都很保守，很难快速接受这种新生事物。后来，他们转变市场策略，联合当地农资公司进行捆绑销售。农资公司是集生产、流通、服务为一体的专业经营化肥、农药、农膜和种子、农机具等农业生产资料的企业，当地农民所购买的化肥、农药等都由农资公司供应，深受当地农民信任。当农民购买农药的时候，可以顺势向农民推荐“植保机服务”。

与农资公司联合推广以后，王伟驰的植保机业务开始快速发展。在原来手工作业方式下，1 个人 1 天最多可以喷洒 30 亩地，使用植保机之后，喷洒 30 亩地只需要 30 分钟即可。以大疆农业最新推出的 MG-1 无人机为例，具有八轴动力系统，载荷达到 10 千克的同时，推重比高达 1∶2.2，每小时作业量可达 40~60 亩，作业效率是人工喷洒的 40 倍以上。

王伟驰一般按照不同地形、不同植物种类收费，例如，平原地区的粮食作物，按照 15 元/亩的标准收费；如果为果树喷洒农药，按照 30 元/亩的标准收费；山区地形的视野不好，也会增加一定费用。

王伟驰透露，在农忙时节，40 天赚的钱超过 15 万元，很快就能够收回成本。植保机业务的主要成本除了设备，还有“飞手”（操作员）、运输设备、维修费等。培养一名飞手一般需要 15 天的培训。一名操作熟练的飞手可以保证植保机的稳定运行，否则，植保机“摔降”一次，不仅要花费 2 000~3 000 元的维修费，在农忙时节，等待维修的时间还影响创收。王伟驰购买的第一台植保机1年内已经摔过两次。

随着业务增长，王伟驰又购买了4台大疆农业植保机。由于无人机技术含量高、使用门槛高，普及性暂不如家电手机等产品，一旦损坏，就不得不面临维修网点少、维修费用贵等难题。维修保养难等售后问题成为无人机用户的一大困扰。

为了破解这一行业难题，众安保险和大疆联合针对大疆MG-1农业无人机推出3 888元的用户关怀计划。购买该关怀计划后，用户可享受不限次数的意外维修服务，在使用过程中，如果出现因操作失误、信号干扰、返航撞机、意外事故、跌落等导致的飞行器损坏，可享受最高达4万的机损赔偿；该计划还推出了“备用机快速替换服务”，大疆售后部门会在接到报修当天或第二天邮寄出备用机，用户拿到备用机后可先使用再维修，不影响因维修而耽误创收。大疆创新总经理助理卢达和众安保险深圳事业群副总监严鹏说，双方高层对于创新具有共识，早在2015年8月就开始合作，经过持续的产品迭代和服务升级，至今推出了用户关怀计划，该服务覆盖大疆所有无人机标准机型。

经过1年摸索，王伟驰的植保机业务已经实现盈亏平衡。随着植保机逐渐受到市场认可，甚至有农户主动向王伟驰咨询并购买农业植保机，王伟驰也顺势开始代理销售无人机，营收模式逐渐多元化。

七、东白湖九曲岭山庄

1986年蔡柯伟下海创业，将传统农家乐的老四样结合新玩法，他开拓了280亩地，把东白湖九曲岭山庄打造成一个融农业种植、瓜果采摘、休闲旅游、餐饮住宿为一体的山庄，并解决20多位农村劳动力，每年纯利润在100万元以上。项目虽简单，但游客很喜欢，经常组团去游玩，还为农庄节省了成本。

1. 白领转型做农业

蔡柯伟是浙江省东白湖九曲岭山庄的总经理，2008 年从学校毕业后，一直从事财务工作，每天朝九晚五的办公室生活总让他觉得缺了点什么，于是两年后，他毅然地放弃了安逸的财务工作，回到家乡开始创业。

他望着拥有“金山银山的”家乡，觉得这么好的山水不好好利用实在太可惜了，于是他决定在自己的家乡发展农业，搞起了农庄。

2. 建设遇阻，变思路提前开园

在小蔡的精心打理下，眼看农庄发展得好了起来，但却被一个难题拦住了去路，资金短缺。看着自己精心布局、日趋完善的农庄，小蔡悲喜交加。

天无绝人之路，办法总会有，小蔡转念一想，为什么自己不能先开园，将蔬菜、垂钓、露营先做起来，吸引一部分人来，将营业所得用来发展农庄。于是小蔡开始四处宣传，邀请一些人来参观指导，终于 2013 年，小蔡迎来了农庄的第一批客人。

3. 体验式设计吸客无数

跟传统农家乐的经营内容一样，小蔡的 280 亩农庄也只经营吃饭、垂钓、采摘、住宿这四大块，只是在形式上有很大的不同，深受年轻人的追捧。

吃饭与垂钓：农庄所用的食材来自农庄及周边农户种植的绿色蔬菜，农庄的鸭子是散养的，飞起来比房子还要高，想要抓住它很困难，想要吃上鸭子，需要自己上手抓。想吃鸡，得自己上山抓，想吃鱼，也得自己去钓，钓起来以后再加工，给游客增加了体验感，让游客真正体验到“粒粒皆辛苦”。

针对城里的“80 后”“90 后”，会给他们配一个带轮的柴火炉子，让他们体验用大柴锅炒菜的感觉，增加他们的新鲜感；单就吃饭这一个板块，就能给农庄减少 30 万元的支出。现在农庄的客流已经比较稳定了，餐厅一天能接待 20 多桌，农庄特色必点菜鱼汤豆腐，每天都能卖个四五千元。

采摘：南方的气候，让小蔡的农庄在水果的种植上有了更多的选择，现在种植了樱桃、枇杷、杨梅、桃子、水蜜桃、黄桃、李子、杏子等 30 多种水果，每个品种种植面积都不大，这些水果通过采摘就可以都消化掉，不用考虑销路问题。另外，还种了红豆杉，用来净化空气，可以让游客呼吸到更多的新鲜空气。

农庄进园采摘是 50 元/人，如果带走就是 40 元/500 克，正常情况下，一颗果树能给农庄创造 200~400 元的收益。

住宿：农庄没有盖房子，而是借着优美的环境，建造了露营基地，有 12 个露台，设施配备很全，烧烤、水、电、消防等全部都有，也配有安全员，时刻巡逻，所以，在这露营很安全，这是他创业初始就建设好的。当时做了一个露营活动，组织了 100 多个人过来露营，都觉得这里景色很美，之后就人传人，为农庄打开了市场，而产生的人际效应也为农庄吸金不少；现在要去农庄需要提前预订。

4. 土菜香还引来欧洲客

酒香不怕巷子深，九曲岭山庄不仅吸引了省内外游客，还把洋客人领进了门。

蔡柯伟说："大概两年前就有外国人来参观游玩了。上个月，我们也接待了一批外国游客，他们住了 1 周才回去。"由于没有外文翻译，外国游客和蔡柯伟主要靠肢体语言交流，有时也用手机同步翻译。

去九曲岭山庄游玩的外国人中以欧洲人居多，来自英国、荷兰、西班牙等国。是什么吸引了大西洋彼岸的客人？蔡柯伟认为，是好山好水留住了游客的心。近年来，随着"五水共治"的深入，东白湖陈蔡水库的水更清更美，行走在乡村小道，处处可见山清水秀的好风光。好水孕育好生物，野菜更香、土鸡更

肥、果子更润口……洋客人在这片乐土上捕捉自然的气息，新农民在这片无污染的生态地上找寻致富的捷径。

5. 早开园早赚钱

目前整个山庄包括人工工资、水电费等所有成本合计差不多100万元，收入在200万元左右。其中，包括烧烤露营70万元左右、农家菜100万元左右、剩下的采摘30万元左右。纯利润有100万元。

八、荒山变乡村旅游乐土

站在海拔600余米的沂源双马山顶峰，远眺四周，环绕在烟雨雾气中的山峦层次分明、半山腰上山东海拔最高水库波光粼粼的水面，远处白墙红瓦的村庄，像极了一幅山水画。

这是农民出身的王永宝一锹一锹开垦出来的一片乡村旅游乐土，而仅仅在6年前，这里，南北10千米上万亩地，却只是一座荒山，而现在有了牧场，有了薰衣草园，有了瓜地，有了农家乐餐厅，还有了多种游乐项目和欧式观景小木屋。仅仅在上周这个平常的周末，10多辆旅游大巴，就给他送来了600多位乡村游客人。

国家发展乡村旅游的好政策，激发了众多山东人关于乡村旅游的创业梦想。一群眷恋乡村生活的山东人，把第二次创业的希望寄予在乡村旅游所带来的机遇。种植大樱桃致富的山东省沂源果农王永宝，也将自己二次创业的梦想，寄予沂源县燕崖镇双马山下这片荒地。

“其实，种樱桃挣到的钱，完全可以在城里买一套房子，从此变成城里人，舒舒服服过自己的小日子。”王永宝说。“可是，那不是我的梦想。”

这个沂蒙汉子，作出将全部积蓄押宝荒山开发决定的时候，都已42岁了。与6年前的他一同信誓旦旦在荒芜的双马山搞出一点名堂的，还有其他 9 个人。

一个农民的梦想有多大，这个农民的力量就有多大。

山上的土地贫瘠，只能从山下一车车往山上运土，将荒山变成沃野，种上了果树，时常凌晨 2:00 起床，靠着手电微弱的光修剪果树；有时半夜醒来，特别想盼着天亮，因为天亮了就可以痛快地干活……他是实实在在的拓荒者，如同早些年开拓土地的劳动人民一样，心里想着未来的美景，自己使劲地干。

可 1 年不到，这片荒山上，只剩下王永宝一个人影，一同上山的其他同伴，均已知难而退。最令王永宝伤心的是，原来坚定支持他的媳妇，也开始反对了。

劳累、艰苦、病痛、饥饿、寒冷……凡人们能够想象到的考验，王永宝都能一关一关熬过去，可是，孤独，却差点让这个山东大汉低下头。

最难熬的是，山上就剩下自己，想要找个人说话都没有，只能对着山大声呼喊。深秋天寒，忙碌了 1 天后的他，面对依然荒芜的山谷泪流不止，安慰自己，一定要挺住！

“一般农民发展乡村旅游也就是办个农家乐，养一窝土鸡，来一园蔬菜，最多就连吃饭带住宿，可你为什么还要建一个牧场？”记者指着眼前占地 160 亩的“天马牧场”不解地问道。

这个憨厚的沂源农民，扶着牧场外刻有“天马牧场”字样的石头说：“在中国，并不是每个人都有机会拥有一个属于自己的牧场。因为这里有一座山，名叫双马山，山下有一片 160 多亩的坡地青草幽幽，地势太高，不是很适合种树种花，倒是很适合圈一个牧场，看到羊儿马儿在这里自由地吃草，还可以供游人观看和试骑，那该有多好！”

王永宝想把这片荒山打造成“国际村”。他邀请了北京、上海等城市的专家来到双马山下，根据沂蒙山区的地理特点和农业景观的文化内涵，定位开发模式规划，他还与美国 AQI 投资人何

传利签订开发双马山乡村旅游合作协议，争取6年内上市。

6年磨一剑，6年时间，王永宝这个“山大王”像着了魔似的，痴迷于他的荒山。一口气建设了跑马场、儿童驾校、射击场、天马牧场、花海、高尔夫练习场、水上乐园、滑草场、乡村大舞台、樱桃苹果桃子采摘园、特色养殖、沂蒙农庄、高山卡丁车等旅游体验项目。

关于2017年，他的想法更多。他还想在双马山下建造一座农耕文明博物馆、建天上泳池、马头崮滑翔飞机基地、水上飞机、影视拍摄基地、画家村、作家村、编剧村、空中栈道、北国茶园、汽车营地……这都是王永宝梦想中乡村旅游的必备项目。

如今双马山建设小有成就，几个季节来来往往的游客让王永宝欣喜。“搞农业和旅游，投资周期太长、见效太慢，必须得耐得住寂寞，就像当初自己耐得住寂寞拓荒一样。”王永宝望着上山的蜿蜒公路，微笑着说。

九、创业需坚守更需忍耐

刘付荣经营着一家电商，她是一名地地道道的农村妇女。但她接受采访时话语中透着满满的自豪和自信：“这是我们从农户手中直接收来的野生艾草，本来不值钱，但是经过晾晒、分拣，然后加上红花、姜片，做成泡脚包，可以祛湿驱寒治脚臭，一小包能卖到几块钱，网上销量非常好。”

在该镇锦春园社区她的电商门前看到，一袋袋刚从深山里菌菇生产基地采摘而来的农家花菇正在被拆分、挑选、过秤、打包，然后通过电商平台发往全国各地。

刘付荣说，除了艾包、香菇，茶叶、芡实、绿豆、小米、花生、糍粑等全部由农户自产的原生态农产品通过电商平台，也都插上了互联网的“翅膀”，走出了深山，产生了效益。

地处淮河上游、大别山北麓的革命老区信阳是物产丰富的鱼米之乡，这里盛产茶叶、茶油、香菇、木耳、板栗、金银花等纯天然农特产品，但受经济条件和区位因素制约，这些山珍产品销路欠畅。

生活在大山里面的刘付荣，高中毕业后就成为了地地道道的农民。作为大山的女儿，刘付荣自小便随父亲步行十几千米将农产品背到集市上售卖，付出很多却收益很少。一定要让农产品走出大山，卖个好价钱，让父母过上好日子，成为刘付荣年轻时最初的梦想。

“当时我下定决心，要凭双手创出自己的一片天地。”刘付荣说，从 1998 年开始，她便在镇上开了家小店做生意，开始步入商海。2011 年，在当地申通快递营业厅工作的她，敏锐地觉察到网购市场的前景，逐渐对电商产业了浓厚的兴趣。

2014 年，通过前期的市场调查和数据研究，刘付荣发现绿色纯天然无公害的农特产品在网店销售很旺，正适合利用信阳茶叶、板栗、食用菌等农产品打开网络销售渠道。何不建立电商平台来推介和销售信阳农特产品呢？说干就干，瞅准时机的她当年就注册成立了一家电商公司。

“通过网店把家门口的土特产销往全国各地，让农产品通过网络直接与消费者挂钩，剔除了中间批发商环节，既可以提高农户农产品的销售价格，又可以让消费者买到物美价廉的商品。不仅自己能挣到钱，还能让乡亲的农产品在广阔的网络市场中充分实现价值，一举两得。”刘付荣说。

“目前，我们已经与 3 家种植合作社和 30 多家农户签订了供销合同，种植生产面积达 5 000 余亩。同时，吸引当地多家网上店铺、农业合作社加盟。”刘付荣告诉记者，2016 年“双十一”当天，她的这个农村电商 1 小时达 300 单，销售额突破 18 万元（日常月销售额仅在 20 万元左右），成为信阳农村电商的领头羊。

2017 年 36 岁的本地妇女周瑞荣，在外打工 10 余年也没挣到

钱，孩子在老家却成了留守儿童。去年春天，在刘付荣的号召下，周瑞荣回乡加入刘丫丫电商平台，从最基本的包装、客服做起，不仅学会了电商知识，还运营起了店铺，工资也没少拿，实现了照顾孩子与电商赚钱两不误。

刘付荣说，作为一个农村妇女，不仅要实现自身致富，还要带动更多的女性创业，共同致富。从一个对网络一窍不通的普通农村妇女到如今的互联网销售精英，电商改变了刘付荣的命运，也让她获得了人生的价值。

"创业起初很困难，但不管面对多大的困难，都要义无反顾一路走下去。"刘付荣说，电商给了农村妇女施展才华的舞台，希望通过这个平台，让老区农产品畅销全国，同时，带领更多的农村妇女干事创业，提升自我价值，实现巾帼梦想。

十、生态食品电商企业饕餮股份

在中国2.7亿农民工中，王君和他的创业故事是又一个平凡者的"奇迹"，而他本人却说："如世上真有奇迹，那只是努力的另一个名字"。

14岁开始农民工生涯，29岁回乡创办生态食品电商企业——饕餮股份，历经2015年天使轮投资到2016年的A轮融资，企业估值超3个亿。

今天，饕餮走出国门，描绘跨境食品电商新宏图。19年的非凡经历，不仅让他拥有了健壮的体魄和非凡的智慧，磨炼了他坚强的意志，也培育了他登高望远的政经眼光和运筹帷幄的商业才华。

"猛将必起于卒伍"寒门子弟多忠孝

王君，1983年8月出生于安徽省肥东县一个贫苦农民家庭。少年时代的王君就想通过知识改变自己和家庭的命运，他的学习成绩一直名列前茅，可兄妹3人读书，让这个家庭变得更加清贫。至今，王君仍清楚地记得，有那么一段时间，连续3年父母都是依靠四处向亲戚借款、借粮、种菜、打零工，维持家庭日常生活和子女读书的学费。

1997年，面对陷入困境的家庭，年仅14岁的王君毅然选择了辍学，到滁州市一个工地当起了建筑工，开始了养活自己、支援弟弟妹妹继续学业的打工生活。在漫长的打工岁月中，令王君印象最深的是，初到北京第一年（1999年）的那个冬天，他与同乡一起在北京市西山某工地上做外墙涂装工作。11月的西山气温零下十几度，当时工地大食堂已经关门，工友们只能拿着饭票到小卖部换点方便面果腹。晚上，一床单薄的被子根本遮挡不了刺骨的寒冷，大通铺上近20名工友们只能穿上所有能穿的衣服，抱在一起相互取暖，又常常在夜里被冻醒……

当月末，气温低的已经无法再继续施工，包工头说没有领到工钱，只给每人发了150元路费，让王君和工友们回老家过年。工友们都走了，工地也锁上了大门……而王君并没有拿着这点路费回家，而是拎着编织袋做的行李包步行在北京建国门到国贸之间，挨家挨户到饭店找工作。终于在一个傍晚时分，一个四川老板的小饭馆答应录用他成为这家饭馆唯一的洗碗工（当天要是找不到包食宿的工作，他就得又一次露宿公园或者地下通道了）。

一天晚上，忙碌了一天的王君涮完了堆积如山的碗筷，并打扫完餐厅卫生坐在餐桌边等同事下班时，无意间翻起客人留下的报纸，一则招聘信息吸引了他："北京××商贸有限公司，招聘销售员，从事袜子和玩具销售工作……"不甘一直当洗碗工的王君，抱着试一试的心态，根据报纸上提供的地址，找到了这家公司。经理看他浑身透着一股踏实肯干的劲儿，加上春节急用人，便爽快地同意他来公司上班。

相比之前苦力活儿，销售要好多了，王君认定他的生活将发生翻天覆地的变化。因为，销售是与人打交道，在从业的过程中

可以长知识和见识，苦力活与建筑材料打交道，没有什么技术含量，所赚的仅仅是一口饭。

幸运总是眷顾那些一直在努力的人。新的一年开始了，机遇果真降临到这个踏实又幸运的少年身上——2000 年 5 月，历经 6 个月的销售工作，好学的王君成长迅速、视野大开。这时，一家传媒公司的广告和礼品销售业务员的工作招聘信息，让这个少年兴奋地预感到，这是一次新机遇，即便对方要求大专以上学历，他也想凭借自己的韧劲儿去试一把。凭借他的认真态度，王君最后说服了老板的母亲（退休后在企业当财务经理），答应试用这个不符合硬性要求的年轻人。

王君回忆，这次工作经历，对他来说意义非凡，是他人生最重要的转折点。

2000 年，信息技术尚不发达，王君每天下班都还要去朝阳图书馆查询企业信息，并通过电话联系对方，销售广告和礼品。就在他查阅资料的同时，被图书馆内的书籍和杂志吸引，通过学习，他感觉自己找到了新的天空。由于他的诚恳和努力，客户大都信任他，业绩自然也就越来越好，到当年的 10 月，王君月工资加提成总额已经近万元。

王君第一次尝到了知识带来的甜头，存了一点积蓄后，他又报考计算机、驾驶、英语等知识技能学习班。工作之余，他也会揽一些分外的事情，帮客户解决一些问题。因此，客户与他的关系都很好，有什么好商机，服务的客户老板都会拉着他一起分享。机缘巧合，他认识了一个出版物发行企业老板，老板告诉他出版传媒这个行业不错，并劝他一起从事该行业。2001 年春天，王君开始了第一次创业，项目就是出版传媒，这一干就是近 10 年……

志士还乡　心系电商

10 年传媒出版创业路，撞上互联网信息大爆炸时代，加上全国“文化体制改革”，曾经辉煌的行业，又变成了众人口中的“夕阳行业”。

突然降临的传媒出版寒冬，令王君措手不及。应该做什么创业项目？怎么做……面对窗外变幻的灯光、迷离的人影，他第一次感觉自己如一叶孤舟，渺小又孤独。创业这艘小船，像沙砾一样，你越想握紧，就漏得越多。每个人的一生都会遇到一些关键的转折点，这个时候，发挥作用的往往是深埋在骨髓里的性格特质——向上，不服输……王君通过多年历练形成的这种性格基因，在关键时候派上了大用场。

2010年开始，他长期认真调研，跑了全国大大小小的很多城市，请教了很多大公司的优秀老总。事业、转型、未来……无数个不眠之夜，无数次的深入思考……

最后，王君决定选择开始转型市场化程度更高，成长空间巨大的休闲农产品加工和贸易行业。经过近3年的经验积累，让王君敏锐地预感到，关于休闲食品品牌运营和电子商务领域的美好趋势和前景。恰逢合肥市政府到北京市招商引资之际，这个在外飘荡多年的游子，决定回到老家继续他的第二次创业。就这样，2012年12月，王君回到家乡，创办了一家名叫安徽饕餮电子商务股份有限公司的企业。

创业的人，就像水中的鸭子，水上从容淡定，水下拼命划水。凭借他踏实的“徽商”精神，短短2年时间，他就带领饕餮股份成为合肥市名列前茅的休闲食品电子商务企业，旗下休闲食品品牌“饕哥”成功入选“安徽省十大网货品牌”，饕餮电子商务股份有限公司更是在2015年6月成功入选“国家级电子商务示范企业”。

2015年，中国全年实现社会消费品零售总额30.1万亿元，同比增长10.7%；全年全国网上零售额3.9万亿元，比上年增长33.3%，占社会消费品零售总额的比重为10.8%；消费对国民经

济增长的贡献率达到 66.4%，成功发挥了经济增长“稳定器”的作用。在王君看来，依托于我国广阔的食品消费品升级市场，以高端坚果品牌运营为切入点，打造更加个性化、媒体化、社区化的新型电商，企业势必将迎来蓬勃发展。

不忘初心　坚守创业者本色

在事业不断腾飞的同时，王君始终保持冷静、清醒的头脑。他说，这么多年来，自己一直在做加法，现在到了该做减法的时候了。在公司业务上，他放弃了一些并非自己专长的产品与项目，专注于高端生态果仁产品，坚持走差异化路线。在工作上，把更多的精力放在关乎公司发展方向的战略层面，逐渐摆脱事务性活动。在生活上，追求更加简单、朴素的生活方式，素食、锻炼、读书、养心。他把自己始终定位于创业者角色，而他的创业不再是为了金钱、名誉，而是成了一种融入血液的积极的生活态度。

天行健，君子当自强不息；不忘初衷，方得始终。王君深知这一切自然法则，他目前所做的一切，无不顺势而为之，他的饕餮股份，也必将因此迎来更美好的未来。

在中国，有数以千万计像王君一样的农民工兄弟们，正满怀希望的火种，怀揣报效家乡的热血情怀，积极响应国家“大众创业、万众创新”的号召，努力贯彻全国经济结构调整与社会和谐稳定的国家战略，勇敢地踏上回乡创业的征途，积极投身这火一般的时代热潮。

参考文献

王文新. 2014. 新型职业农民创业培训教程 [M]. 北京：中国农业科学技术出版社.

王学平，顾新颖，曹祥斌. 2016. 新型职业农民创业培训教程 [M]. 北京：中国林业出版社.

吴一平，张正河. 2015. 农业企业管理 [M]. 北京：高等教育出版社.

谢志远，陈家斋. 2015. 现代农业与农民创业指导 [M]. 杭州：浙江科学技术出版社.

曾学文. 2012. 农民创业培训实用教程 [M]. 北京：中国农业科学技术出版社.

中央农业广播电视学校组编. 2016. 现代农业创业 [M]. 北京：中国农业出版社.